박시룡 교수의

끝나지 않은 생명 이야기

글·그림 박시룡

곰세마리

차례

3부 생물다양성의 지속가능성

책을 마치며 | 동물행동학자의 화첩

책머리에 | **박쥐에서 황새까지**

내가 동물행동학자로서 가장 먼저 만난 동물은 박쥐이다. 나는 유학 시절 흡혈박쥐를 연구하며 그들의 이타행동에 관심을 가졌다. 한국에 돌아와 생물학 교수가 된 후로는 괭이갈매기, 휘파람새, 꿀벌, 어류, 양서 · 파충류, 포유류에 이르기까지 다양한 동물들의 서식지를 찾아 다니며 그들의 의사소통 방법과 집단행동 양식을 연구하고 강의했다. 나의 끝없는 연구 의지는 후세대들이 살아가야 할 자연 보호와 생태계 복원은 물론 우리나라에서 멸종된 황새의 재도입(복원)에 대한 사명감으로 이어졌다.

생물학과 교수직을 은퇴하면서 나는 화가로서 그림을 그리며 자연과 사회를 들여다보던 열정을 이어가고 있다. 한지의 결을 따라 자연스레 번지고 스며드는 색의 조화만큼이나 인간과 자연이 서로 스며들 듯 조화를 이루어 가길 꿈꾼다.

이 책은 한국교원대 생물학과 교수로 지내던 시절에 관찰했던 동물들의 다양한 행동 연구를 반추하며 썼다. 박쥐에서 황새에 이르기

침입자를 경계하는 붉은가슴울새

붉은가슴울새는 내가 동물행동학 강의를 할때 자주 등장하는 새이다.
수컷 붉은가슴울새의 붉은 가슴은 다른 동물의 자극을 이끄는 '공격 해발인'이다.
번식기가 되면 수컷들은 자기 영역을 넘보는 침입자의 붉은 가슴을 공격한다.

까지 내가 연구했던 동물들을 한지에 그려보며 동물의 의사소통, 사랑, 환경 적응, 사회생물학적 행동 양식에 초점을 맞췄다.

1부에서는 동물들의 사생활이라 할 수 있는 종 특유의 행동 양식을 소개하고, 2부에서는 집단행동이나 다른 동물과 공생의 규칙을 만들어 가는 동물들의 사회생활을 다루었다. 3부에서는 생물다양성의 지속가능성을 위해 우리가 해야 할 일들을 돌아보는 현실 문제들을 제기했다. 특히 교직 은퇴 직전까지 열정을 다한 황새 재도입 과제가 올바른 방법으로 지속되길 바라며 간곡한 호소도 잊지 않았다.

동물행동 연구는『종의 기원』을 통해 생물의 진화론을 주장한 찰스 다윈 이후 1973년에 동물행동 연구로 노벨상을 받은 카를 폰 프리슈와 콘라트 로렌츠, 니코 틴버겐에 의해 본격적으로 시작되었다. 동물행동학은 초기에 동물심리학이라고도 불렀다. 과학자들은 동물을 사람의 감정 이입 없이 관찰하려 노력했다. 그런 노력의 결과로 동물들이 인간에게 전하는 메시지를 읽을 수 있었다.

내가 동물행동학자로서 의무와 학습을 이어가는 이유는 명백하다. 인간 또한 호모사피엔스라는 생물종에서 벗어날 수 없기 때문이다. 변화하는 자연환경에 적응하기 위해 본능으로 갖게 된 동물들의 다양한 행동을 보면 우리가 알지 못했던 인간의 행동과 내면도 들여다볼 수 있다. 이 이야기를 통해 '인간으로 산다는 것이 무엇인가?' 하는 성찰의 기회가 됐으면 좋겠다.

2021년 6월

그림 그리는 동물행동학자 박시룡

1부

동물들의 사생활

알고 보면 유익한 동물, 박쥐

사람들은 '박쥐' 하면 어떤 이미지가 떠오를까? 슈퍼 히어로 '배트맨'이나 추억의 만화영화 주인공 '황금박쥐'만 떠올라도 멋질 텐데, 대체로 박쥐는 사람들에게 그다지 좋은 이미지가 아니다. 이솝우화에서 박쥐는 필요에 따라 새와 짐승 사이를 오가는 기회주의자이고, 서양에서는 오래전부터 박쥐가 악마의 상징이었다.

요즘은 적지 않은 사람들이 박쥐를 중증급성호흡기증후군인 사스 바이러스를 비롯해 에볼라 바이러스, 메르스 바이러스 그리고 2020년 지구촌 전체를 휩쓴 COVID-19 바이러스에 이르기까지, 21세기 주요 감염병을 일으킨 근원이라고 여긴다.

이쯤되면 박쥐는 지구에서 당장 사라져야 할 유해한 동물이 아닐까 싶다. 그러나 전 세계 생물학자들은 생각이 다른 모양이다. '지구에서 사라지면 안 될 생물 다섯 가지'로 플랑크톤, 곰팡이, 벌, 영장류와

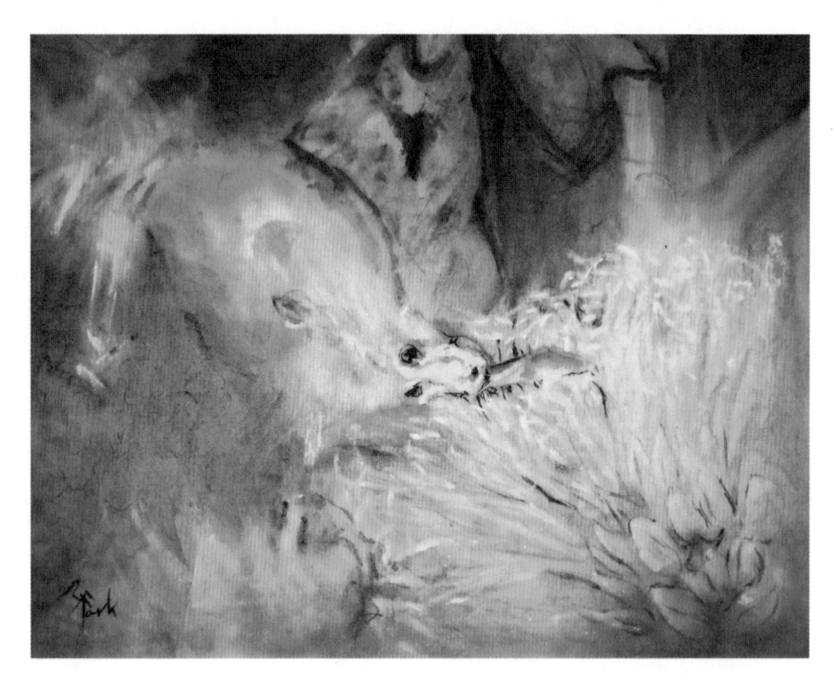

한밤중에 꽃꿀을 먹는 회색머리날여우박쥐

오스트레일리아에 사는 과일박쥐과의 회색머리날여우박쥐는 밤에 열대과일의 꽃가루를 먹으며 수분매개자 역할을 하고, 낮에는 나무에 매달려 생활한다.

함께 박쥐를 꼽았다. 지구에 필요한 산소의 50퍼센트를 생산하는 플랑크톤, 지구의 청소부 곰팡이, 꽃가루를 옮겨 식물이 열매 맺게 돕는 벌, 인류 진화 연구에 통찰력을 제공한 영장류만큼이나 박쥐는 인간에게 유익한 동물이다.

사실 사람에게 가장 위협적인 동물은 모기이다. 해마다 200만 명이 모기 때문에 목숨을 잃는다. 모기는 사람과 동물을 공격해 피를 빨고, 온갖 세균과 바이러스를 옮겨 질병을 일으키며 막대한 경제적 손해를 입힌다. 이런 모기 같은 해충들을 잡아먹는 동물이 우리나라에 서식하는 박쥐들이다.

한편 남아메리카나 동남아시아 열대지방에 사는 박쥐들은 꽃꿀과 과일을 먹으며 꽃가루받이를 한다. 바나나, 망고, 구아바 같은 열대과일들은 밤에만 꽃이 피는데, 만약 밤의 수분매개자인 박쥐가 없다면 우리는 이런 열대과일들을 먹을 수 없다.

박쥐는 극지방을 뺀 전 세계에 1000여 종 넘게 서식하며 우리나라에는 관박쥐, 붉은박쥐, 집박쥐 등 22종이 살고 있다. 전체 포유류의 5분의 1이 박쥐라고 할 만큼 종다양성이 가장 큰 포유류이다.

종다양성이 크다는 말은 질병 대처나 환경 적응이 매우 뛰어나다는 것을 뜻한다. 박쥐는 독특한 면역체계로 수천 가지 바이러스를 몸속에 지닌 채 살아가는 '바이러스 저장소'이다. 여기에는 인간과 동물 사이에도 전염될 수 있는 수백 가지 인수공통 바이러스도 포함된다.

박쥐는 앞서 말했듯 인간에게 유익한 동물이다. 오히려 인간이 박쥐 같은 야생동물들의 서식지를 파괴하고 식재료로 삼으면서 신종

인수공통 바이러스에 감염되는 일을 자초하고 말았다. 인간의 탐욕이 박쥐와 인간을 위협한 것이다.

내가 어렸을 때만 해도 박쥐가 참 많았다. 대낮인데도 학교 목조 건물 천장에서 박쥐가 나와 놀란 아이들이 소동을 벌이기도 했다. 석양이 내리던 어느 날 저녁이었는데, 동네 낡은 중국음식점 건물에서 간판을 떼어냈더니 순간 수십만 마리의 박쥐 떼가 하늘을 까맣게 뒤덮었다. 그렇게 흔하던 박쥐들이 지금은 보기 힘들다.

우리나라는 60년 전에 비해 박쥐 수가 90퍼센트 이상 사라졌다. 당시 100마리가 살았다면 지금은 10마리도 안 될 만큼 매우 희귀한 동물이 되고 말았다. 집들이 개량되면서 박쥐들이 새끼를 낳고 기를 은신처가 없어지게 된 까닭도 있지만, 무엇보다 농사짓느라 농약을 살포하면서 박쥐들의 주식인 벌레들이 없어진 것이 더 큰 감소 원인이다.

박쥐가 보는 세상

박쥐는 포유류 가운데 유일하게 하늘을 날아다닌다. 날다람쥐는 앞다리와 뒷다리 사이에 막이 있어 날갯짓이 아닌 활강을 하지만, 박쥐는 앞다리가 가죽날개로 변한 덕분에 새처럼 날갯짓을 하며 날 수 있다.

새처럼 날 수 있는 박쥐는 이솝우화에서 짐승과 새 사이를 왔다 갔다 하며 얄밉게 굴다 결국 양쪽에서 미움을 받고 컴컴한 동굴 속으로 쫓겨나는데, 이 또한 박쥐의 생태 특징을 잘 나타낸다.

동굴 같은 캄캄한 곳에서 살며 밤에만 활동해서인지 박쥐는 눈이 작고 보잘것없다. 대신 큰 귀가 세상을 탐색하는 데 큰 역할을 한다. 박쥐는 인간이 들을 수 없는 초음파를 내어 되돌아오는 소리를 듣고 사냥감과 장애물을 알아낸다. 박쥐는 소리로 세상을 보는 셈이다.

초음파를 내어 물체에 부딪쳐 되돌아오는 소리를 듣고 그 물체의 거리와 방향, 크기를 감지하며 행동하는 것을 '반향정위(反響定位, echolocation)'라고 한다. 반향정위를 이용하는 대표적인 동물이 바로 박쥐와 돌고래이다.

과학자들은 오래전부터 반향정위를 시각 장애인에게 적용하기 위해 꾸준히 연구하고 있다. 박쥐가 초음파를 내는 것처럼 사람이 혀로 '딱' 하는 소리를 낸 다음 주위 사물에 부딪쳐 반사되는 소리를 귀로 들어 사물의 위치와 재질을 알아내는 방식이다. 시각 장애인이 지팡이나 안내견 없이 스스로 집 안 물건들의 위치와 크기를 구별하고 심지어 농구도 즐길 수 있게 된 것이다.

잠수함이나 해군 함정이 사용하는 음향탐신기 소나도 반향정위를 이용한 장치이다. 어선들이 물고기 떼가 어디 있는지 탐색하는 어군탐지기도 마찬가지이다.

박쥐는 첩보용 모형 비행기와 같다. 박쥐의 뇌는 되돌아오는 소리를 정밀하게 분석하도록 프로그램된 소형 전자장치인 셈이다. 박쥐들은 아무리 떼지어 날아다니며 저마다 초음파를 내도 자신의 소리를 정확히 구별한다.

사람들이 박쥐를 좋아하지 않는 데에는 흉측한 얼굴도 한 몫할 것이다. 박쥐는 번듯한 외모를 포기한 대신 확실한 기능을 선택했다. 박쥐의 일그러진 얼굴은 원하는 방향으로 초음파를 발사하기 좋은 절묘한 형태이다.

우리나라에 서식하는 어른 엄지손가락만 한 큰발윗수염박쥐가 하늘을 날 때 내는 초음파는 대략 1초당 10회 정도의 펄스('딱' 소리 하나)이다. 말하자면 큰발윗수염박쥐가 보는 시각 이미지는 1초당 10회씩 깜빡이며 이어지는 장면이다.

우리가 박쥐 식으로 세상을 보려면 한밤중에 스트로브(섬광등)를 써보면 된다. 스트로브 기술은 종종 클럽에서 극적인 효과를 높이는 데 쓰인다. 춤추는 사람들이 깜빡이는 빛에 따라 짧은 순간 정지된 듯해 마치 구분 동작의 연속처럼 보인다. 이 스트로브 속도가 빠르면 빠를수록 우리가 정상으로 느끼는 영상 속도에 가까워진다.

박쥐가 날면서 1초당 10회의 비율로 초음파를 내는 정도는 비록 날아오는 공을 피하거나 벌레를 잡기에는 부족할지 몰라도 하늘을 나는 데는 충분하다. 그러나 날아다니는 벌레를 잡거나 장애물을 피해 날아가려면 초음파 내는 비율이 좀더 올라가야 한다.

먹이 사냥을 할 때 박쥐가 내는 초음파 속도는 기관총보다 빨라서 마침내 목표물에 접근할 때 1초당 200회까지 올라간다. 이것을 모방하려면 스트로브 속도를 올려서 플래시가 주전원의 주파수보다 두 배 이상 빠르게 깜빡여야 한다. 이는 우리가 형광등에서 느끼는 속도이다.

초음파 소리로 밤하늘을 보며 날아가는 박쥐들

박쥐가 초음파를 내어 되돌아오는 소리로 보는 밤하늘은 인간이 눈으로 보는 세상과는 상상할 수 없을 만큼 다르다.

박쥐가 내는 초음파는 인간이 들을 수 없는 영역인 약 20~60킬로헤르츠이다. 이 초음파를 10배 이상 낮은 주파수로 바꿔 인간이 들을 수 있게 만든 기계 장치가 '박쥐탐지기'이다.

소형 라디오 크기만 한 박쥐탐지기로 박쥐가 내는 초음파를 처음 들었을 때 나는 가슴이 마구 요동쳤다. 박쥐를 하늘에 날렸을 때만 해도 분명 아무 소리도 못 들었는데, 박쥐탐지기를 켜는 순간 '딱딱딱' 소리가 선명하게 들려왔기 때문이다.

박쥐가 내는 소리는 박쥐 종류에 따라 다르다. 큰발윗수염박쥐보다 몸집이 큰 관박쥐의 초음파 소리를 박쥐탐지기로 들으면 고음의 휘파람 소리 같다. 관박쥐의 초음파 주파수는 큰발윗수염박쥐보다 높아서 큰발윗수염박쥐보다 더 작은 물체를 구별할 수 있다.

초음파 주파수가 높으면 작은 물체에도 소리 반사가 잘 이루어지지만, 주파수가 낮으면 작은 물체에 부딪치지 못하고 통과한다. 그래서 박쥐가 내는 초음파 주파수가 낮을수록 더 멀리 날아갈 수 있다.

관박쥐는 우거진 숲속에서 사냥을 즐기고, 큰발윗수염박쥐는 앞이 탁 트인 개활지에서 사냥하기를 좋아한다. 이는 박쥐들의 식성과 서식처를 달리 설정하여 살아가도록 진화한 결과물이다.

어른 손톱보다 작은 박쥐의 뇌는 '도플러 효과'를 이용하여 먹이인 모기가 날아가는 방향과 속도를 정확히 측정한다. 도플러 효과는 소리를 내는 물체가 움직이거나 듣는 동물이 움직이면, 움직이는 방향과 속도에 따라 소리의 주파수가 바뀌어 나타나는 현상이다. 박쥐는 모기가 움직이는 속도에 따라 바뀐 주파수를 눈으로 보듯 정확히 읽어낸다.

나는 눈을 감고 박쥐탐지기로 전해지는 박쥐들의 소리를 들었다. 우거진 숲에서 관박쥐가 이곳저곳 날아다니며 사냥하는 소리와 막 숲 속 장애물을 통과한 소리가 밤하늘에 퍼졌다.

숲을 나와 실개천 위에서 발견한 박쥐는 연거푸 기관총 소리를 내며 물 위를 멋지게 날았다. 그 박쥐는 곡예 비행을 하면서 모기떼와 한바탕 실랑이했다. 박쥐가 내던 기관총 소리는 다시 둔탁하고 여린 소리로 바뀌면서 짧고 긴 음이 교차하기 시작했다. 마치 한편의 교향악과도 같았다.

꿀벌은 춤으로 말한다

나는 독일 유학 시절에 뮌헨대학교 카를 폰 프리슈 교수가 밝힌 꿀벌들의 8자 춤 연구에 깊은 감동을 받았다. 꿀벌들이 놀랍게도 엉덩이로 8자 춤을 추면서 의사소통을 한다는 것이다. 오스트리아 동물학자인 카를 폰 프리슈는 동료 교수인 콘라트 로렌츠, 니코 틴버겐과 함께 동물들의 사회행동과 구애 행동을 담은 동물행동 연구로 노벨 생리·의학상을 받았다.

귀국 후 한국교원대학교 교수가 된 나는 캠퍼스 한편에서 직접 꿀벌을 길러 꿀벌의 8자 춤을 관찰하기로 했다. 나무로 만든 실험용 벌집 앞에 유리문을 달고 학생들과 꿀벌들의 행동을 살폈다.

꿀벌은 개미처럼 집단생활을 하며 체계적으로 역할을 나누어 서로 돕고 살아간다. 여왕벌 1마리를 중심으로 약간의 수벌 그리고 대다수의 일벌이 한 집단을 이룬다. 일벌은 모두 생식 능력이 없는 암벌이다. 일벌들은 먹이인 꽃꿀 모으기, 집 짓기, 청소하기, 여왕벌이 낳은 알 기르기, 적과 싸우는 군대 등의 일을 각각 맡는다.

먹이 담당 일벌들은 꽃 위에 내려 앉아 대롱 모양의 긴 입으로 꽃꿀을 빠는데, 꽃꿀은 입을 지나 배 속 꿀주머니에 저장된다. 꿀주머니에 가득 꽃꿀이 모이면 일벌들은 곧장 집으로 돌아와 게워내 꿀 저장을 담당하는 일벌들에게 건넨다. 일벌 스스로 영양이 필요할 때면 언제든 꿀주머니 끝 쪽 밸브를 약간 열어 조금씩 먹이를 먹는다.

벌집에 저장된 꽃꿀은 차츰 수분이 증발하고 그 속에 든 포도당이 소화되기 쉬운 물질로 바뀌어 비로소 우리가 먹는 벌꿀이 된다.

박쥐가 밤의 수분매개자라면 꿀벌은 나비와 함께 대표적인 낮의 수분매개자이다. 인류 식량의 약 60~70퍼센트가 꿀벌 덕분에 열매를 맺는다. 그러고 보면 꿀벌이 사람도 먹여 살리는 셈이다.

일벌 한 마리가 한 번 밖으로 나가 꿀주머니를 다 채우려면 평균 천 개의 꽃송이를 찾아다녀야 한다. 그렇게 부지런히 꿀을 모으고는 불과 몇 주밖에 살지 못하고 죽는다. 일벌이 짧은 기간 동안 꿀을 모으며 날아다니는 거리가 수백 킬로미터에 이르니, 아마도 과로사가 아닐까 싶다.

일벌들이 꽃꿀을 모으러 다니는 여정은 쉽지 않다. 애써 찾은 꽃에 꽃꿀이 없거나 포식자에게 잡힐 수도 있다. 그래서 먹이 담당 일벌

가운데 몇몇은 척후병이 되어 동료보다 먼저 탐색에 나선다. 그러다가 꽃꿀이 많은 꽃을 발견하면 척후병 일벌은 꽃꿀을 조금만 챙겨 집으로 돌아온다.

동료 일벌들은 돌아온 척후병 일벌 주위에 모여들어 냄새를 맡기 시작한다. 그때 척후병 일벌은 엉덩이춤을 추면서 "저기 먹이가 있으니 찾아봐." 하고 신호를 보낸다.

척후병 일벌이 추는 엉덩이춤은 8자 모양이다. 단순한 춤 같지만 먹이가 있는 곳의 거리와 방향 등의 정보가 정확히 담겨 있다.

벌집에서 꽃까지의 거리는 일정 시간 동안 엉덩이를 흔드는 횟수로 나타낸다. 8자의 두 원 사이에서 엉덩이를 빠르게 움직일수록 먹이가 멀리 있다는 신호이다. 이런 식으로 꿀벌들은 거리를 정확히 잴 수 있다.

꽃이 있는 방향은 춤을 출 때 8자 모양의 기울기로 나타낸다. 8자 춤의 기울기는 태양의 위치에 따라 바뀐다. 만약 꽃이 있는 곳이 벌집을 기준으로 태양과 130도를 이루면 8자 춤의 기울기 또한 130도를 그리고, 시간이 흘러 태양과 140도를 이루면 8자 춤의 기울기 또한 140도가 된다.

물론 꿀벌들은 척후병 일벌의 엉덩이춤 말고도 먹이를 찾는 데 도움이 될 만한 다른 표지가 있다. 꿀벌들은 후각과 시각이 발달하여 자주 꿀을 따러 다니는 길목에 무슨 꽃과 나무가 있는지 알아두었다가 다음에 정확히 찾아간다. 꿀벌의 더듬이 끝에 있는 예민한 후각수용체로 꽃잎에 묻은 아주 작은 흔적까지 알아낼 수 있다.

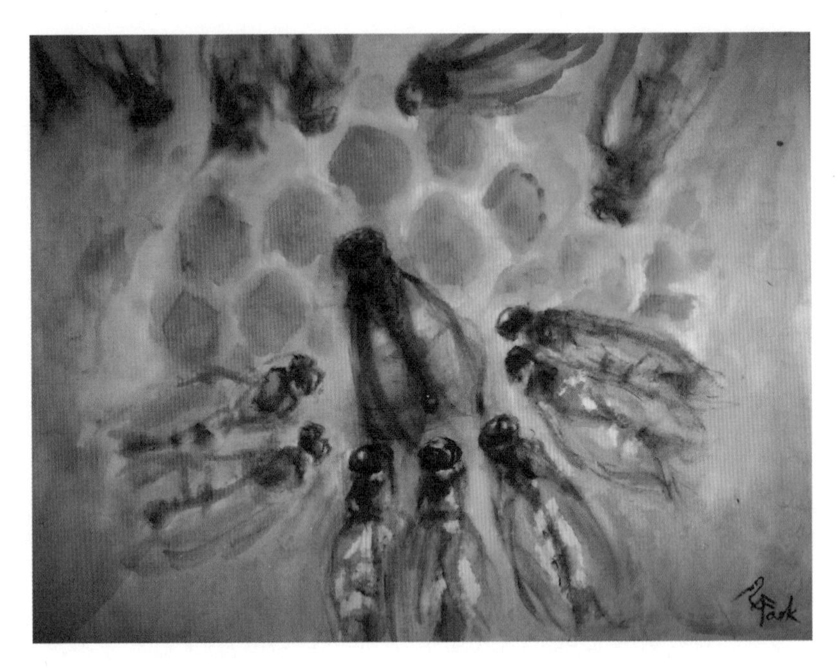

춤으로 의사소통하는 꿀벌들

꿀벌은 8자 춤으로 꽃꿀이 어느 방향에 어느 만큼 떨어진 곳에 있는지
정보를 주고받으며 의사소통을 한다.

그렇지만 나는 직접 꿀벌들을 기르며 관찰하다 보니 꿀벌의 춤 언어가 먹이를 찾는 데 가장 훌륭하고 확실한 정보라는 사실을 깨달았다.

나는 학교 한편에 만들어 놓은 실험용 벌집 앞면 유리문에 각도기를 설치해 척후병 일벌이 8자 춤을 출 때 가운데 선의 방향과 지구 중력 방향이 이룬 각도를 쟀다. 그리고 8자 춤을 춘 횟수를 센 후 거리와 방향을 계산해 따라가면 어김없이 꽃을 찾을 수 있었다.

물론 이때 지구 중력 방향의 각도는 태양의 각도로 바꿔야 한다. 캄캄한 벌집에서 춤을 추는 척후병 일벌은 태양이 보이지 않아 지구의 중력 방향을 기준으로 삼기 때문이다.

한번은 척후병 일벌의 꽁무니를 따라다니며 신호를 받던 일벌 한 마리를 잡아 등에 물감으로 표시했다. 나는 학생들과 함께 척후병 일벌이 추는 8자 춤의 횟수와 기울기로 거리와 방향을 계산해 꽃을 찾아갔다가 깜짝 놀라고 말았다. 우리가 등에 물감 표시를 해둔 일벌이 벌써 그곳에 와 있었던 것이다.

예술가는 자연에서 아름다움을 찾지만 과학자들은 생명의 신비를 찾는다. 나는 꿀벌들의 신비한 의사소통 방법을 알아낸 카를 폰 프리슈와 동료 교수들에게 경의를 바친다.

1973년 스웨덴 노벨상위원회는 놀라운 선택을 했다. 잘 알다시피 노벨상은 생리 · 의학, 물리학, 화학, 문학, 평화, 경제학 분야만 있다. 생물학이나 동물학 분야가 없다 보니 관련 연구자들이 상을 받는 일도 없다. 그럼에도 불구하고 카를 폰 프리슈와 콘라트 로렌츠, 니코 틴버겐은 동물행동학이라는 생물학의 새로운 분야를 이끌어 그들에게 생리·의학상 이름으로나마 업적을 기릴 수밖에 없었다. 생물학자가 노벨상을 받은 전무후무한 일이다.

휘파람새도 사투리 쓴다

조류 가운데 고운 소리로 우는 새를 '명금류'라고 한다. 까치가 내는 '깍깍깍' 소리나 비둘기가 내는 '구구구' 소리처럼 단조로운 소리와는 달리 명금류들이 내는 소리는 일정한 리듬이 있어 마치 아름다운 노랫소리 같다.

조류학자들은 명금류가 최소 2백 종 이상일 것이라고 추정한다. 물론 전 세계에는 명금류보다 독수리나 까치, 비둘기처럼 노래할 줄 모르는 새의 종류가 더 많다.

휘파람새는 카나리아, 꾀꼬리와 함께 대표적인 명금류이다. 우리나라 전역과 동아시아 사힐린에서 중국 동남부에 이르는 지역에 주로 서식한다.

나는 10여 년 동안 전국을 다니며 휘파람새 소리를 연구했다. 그리고 1998년 세계 최고 조류 학술지 중 하나인 『더 오크』(*The Auk*)에 '휘파람새의 성(性) 간 노랫소리 작용'이라는 제목으로 연구 결과를 투고했다.

그러나 투고 과정에서 엉뚱한 논란이 생겼다. 휘파람새 영문 표기가 문제였다. 그동안 국제조류학계는 휘파람새의 영문명을 관행적으로 'Japanese Bush Warbler(일본산휘파람새)'라고 썼다. 이는 휘파람새 연구를 일본 조류학자들이 주도해 왔기 때문이다. 정작 휘파람새는 한반도에 널리 서식하는 데 비해 일본에서는 열도 중부와 남부에 서식할 뿐이었다.

나는 이 같은 표기 관행을 부당하다고 여겨 'Japanese'를 빼고 'Bush Warbler'라고 표기했다. 그러자 학술지 편집진이 여러 차례 정정을 요구했다. 어쩌면 학술지에 논문이 게재되지 못할 수도 있겠다는 염려가 들 만큼 강력한 요구였다.

하지만 'Japanese'라는 명칭을 그대로 썼다가는 휘파람새가 영원히 일본산으로 둔갑할 듯해 나는 물러서지 않았다. 2년 여에 걸친 실랑이 끝에 학술지 편집진이 내 의견을 받아들였고, 마침내 휘파람새의 영문명은 'Bush Warbler'가 되었다.

우여곡절 끝에 기고한 연구 내용은 휘파람새가 서식하는 지역에 따라 서로 다른 노래를 부른다는 것이었다. 말하자면 휘파람새 노랫소리에도 사투리가 있다는 것이다.

나는 전국을 현장답사하면서 내륙(서해안 포함) 지역에 서식하는 휘파람새와 해안 지역에 서식하는 휘파람새의 노래가 서로 다르다는 사실을 확인했다.

내륙인 충청북도 청원 지역에 사는 휘파람새들은 베타음 한 가지로만 노래를 부른다. 그러나 거제도와 완도, 해남 같은 해안 지역에 사는 휘파람새들은 알파음과 베타음을 상황에 따라 섞어 부른다.

알파음은 '휘이이익' 하는 소리로 시작되며, 베타음은 '휘휘휘휘익' 하는 소리가 주를 이룬다. 일본 학술지에 발표된 일본 학자들의 논문에 따르면, 일본에 서식하는 휘파람새들은 우리나라 해안 지역에 사는 휘파람새와 비슷한 소리를 낸다고 한다.

휘파람새가 사투리를 쓰는 까닭은 서식 밀도 때문으로 추정된다. 내륙 지역 휘파람새는 반경 수백 미터에 한 마리 꼴로 분포하지만 해

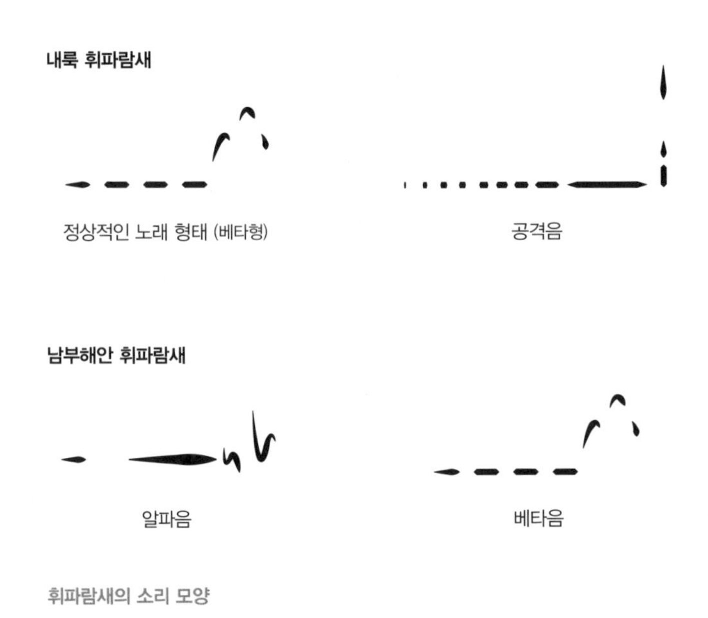

휘파람새의 소리 모양

안 지역 휘파람새는 좁게는 50~60미터에 한 마리가 나타날 만큼 서식 밀도가 높다.

서식지를 벗어나지 않는 휘파람새의 생태 특징도 사투리가 생긴

해바라기에 앉은 휘파람새

휘파람새는 우리나라 전역에서 볼 수 있는 여름철새이다. 각 지방마다 사투리가 있듯 휘파람새도 서식하는 지역에 따라 사투리처럼 노랫소리가 다르다.

원인이 된다. 충청도 사투리를 쓰는 부모 밑에서 자라 평생 충청도에서만 사는 사람이 충청도 사투리를 쓸 수밖에 없듯이, 나고 자란 서식지를 벗어나지 않는 휘파람새들은 부모 새에게서 배운 노래만 부르게 되어 지역 사투리를 이어가게 된 것이다.

휘파람새는 평소 홀로 지내다 짝짓기 때가 되면 암수가 만나 둥지를 짓고 산다. 암컷 휘파람새는 노래를 부르지 못하지만 들을 수 있고, 수컷이 주로 노래 부른다. 수컷 휘파람새는 짝짓기할 암컷을 찾을 때나 경쟁자인 수컷이 나타날 때 노래로 신호를 보낸다.

내륙보다 휘파람새의 서식 밀도가 높은 해안 지역에서는 경쟁이 치열하다. 자기 구역에 침입한 경쟁자에게 강력한 경고를 하기 위해 평상시와 다른 소리로 내게 된 것이다.

실제로 조사해 보니 해안 지역 수컷 휘파람새들은 평소 알파음과 베타음을 반반 섞어 노래 부르다가 다른 수컷이 나타나면 베타음으로만 노래를 불렀다. 이와는 달리 내륙에 서식하는 휘파람새들은 베타음 한 가지로만 노래를 불렀다. 물론 경쟁자를 마주하면 바로 공격 신호를 보내기도 했다.

빽빽한 서식지에서 경쟁자와 맞서야 하는 해안 지역 휘파람새들이 노래 레퍼토리를 늘린 것처럼, 우리는 경쟁이 치열하면 치열할수록 남들과 다른 레퍼토리로 돋보이고자 한다. 경쟁은 스트레스이기도 하지만 변화를 주는 자극이기도 하다.

코끼리거북을 향한 공작새의 짝사랑

누구나 한번쯤 사춘기 시절에 짝사랑을 해봤을 테다. 감정 표현이 서툴러 말 못하고 가슴만 앓다 마음속 깊이 묻어 둔 추억 말이다. 그러다 대개 나이 들면서 감정도 성숙하여 제 짝을 만나 사랑을 완성한다. 그런데 어떤 동물은 끝까지 이루어질 수 없는 짝사랑으로 비극의 주인공이 되기도 한다.

독일 어느 동물원에서 벌어진 일이다. 수컷 공작새 한 마리가 아주 어려서부터 코끼리거북과 철망 담을 사이에 두고 살았다. 그들은 서로 주고받는 언어가 다르고 생김새도 너무 달라 친해질 수 없는 사이였다.

육지에 사는 코끼리거북은 등딱지도 두껍고 투박하게 생겼다. 그에 비해 공작새는 빛에 따라 몸통 색깔이 녹색으로도 보이고 자청색이나 금색으로도 보여 신비롭다. 거기에 동그란 눈 모양 무늬가 있는 위꼬리덮깃은 찬란하기만 하다.

공작새는 여느 동물처럼 수컷이 암컷보다 더 크고 화려하다. 짝짓기 때가 되면 수컷 공작새는 우아한 몸짓으로 암컷 앞에 다가가 위꼬리덮깃을 부채처럼 한껏 펼쳐 보인다. "나와 결혼할래?" 하며 구애하는 행동이다.

어느덧 독일 동물원의 수컷 공작새도 짝짓기를 할 만큼 자랐다. 짝을 찾아 사랑을 이루려면 마음에 드는 암컷 공작새 앞에서 멋진 깃을 펼쳐 보여야 하는데, 이 공작새는 달랐다. 암컷 공작새는 본체만체

코끼리거북 앞에서 구애 중인 공작새

수컷 공작새는 암컷 앞에서 깃을 활짝 펴 가볍게 흔든다. 짝을 찾기 위한 구애 행동이다.
그러나 독일 어느 동물원의 수컷 공작새는 코끼리거북만 보면 날개를 펼쳤다.

하며 전혀 반응을 보이지 않고, 엉뚱하게도 이웃에 사는 코끼리거북 앞에서만 화려한 깃을 펼쳐 보였다. 수컷 공작새는 어려서부터 보고 자란 코끼리거북에게 사랑을 느껴 그 앞에서만 구애 행동을 하게 된 것이다.

그러나 코끼리거북이 공작새의 마음을 알아줄 리 없다. 종도 다르고 몸집도 다르며 언어도 달라 공작새의 구애가 통하지 못한다. 안타깝게도 수컷 공작새는 코끼리거북을 상대로 평생 이루어질 수 없는 짝사랑을 했다.

공작새의 짝사랑이 한편으로는 슬프고 한편으로는 웃긴 이야기겠지만, 이는 조류에게 흔히 일어날 수 있는 일이다.

알에서 갓 깨어난 거위에게 소리 나는 물체를 흔들어 주면, 거위는 그 물체가 제 어미인 줄 알고 평생 따라다닌다. 이렇듯 조류 등의 부화 초기에 형성된 기억이 평생 이어지는 것을 '각인' 행동이라고 한다. 알에서 갓 깨어난 새들이 곧바로 어미 새에게 반응할 수 있는 것도 각인 때문이다.

각인 시기는 새 종류에 따라 민감한 시기가 정해져 있다. 오리는 알에서 깨어난 지 대략 12~17시간까지가 가장 민감해서 이때 학습한 기억을 평생 잊지 않는다. 그 시기가 지나면 아무리 각인시키려 해도 소용없다.

각인을 통해 어린 새와 어미 새는 강한 유대감을 갖는다. 먹이를 구하고, 위험을 피하며 환경을 학습해 안전하게 성장한다.

철새가 계절에 따라 이동하면서 길을 잃지 않는 것도 환경을 각

인해서이다. 비둘기들은 어디를 가든 반드시 집으로 돌아오는 회귀 본능이 있는데, 이 또한 각인 행동이다. 사람들은 예부터 비둘기들의 회귀 본능을 이용해 통신 수단을 삼기도 했다.

어려서 각인된 여러 환경 적응에 대한 학습은 자라면서 자연스레 같은 종의 이성 찾기와 구애 행동으로 이어진다. 그러나 자연환경이 아닌 동물원에서 다른 종인 코끼리거북과 가까이 이웃하며 자란 공작새는 비정상적인 정보가 각인되어 평생 이룰 수 없는 짝사랑을 하게 된 것이다.

비정상적인 것이 더 좋다

살아있다는 말은 자극을 하면 반응을 한다는 뜻이다. 주어진 자극에 전혀 반응하지 않는다면 죽은 것과 다름없다. 말하자면 동물들의 행동은 갖가지 다양한 자극과 그에 대한 반응의 연속이다.

그런데 동물들은 자연적인 자극 즉 정상적인 자극보다 비정상적인 자극에 더 반응하는 경향이 있다. 재갈매기가 알을 낳은 둥지에 재갈매기의 알보다 큰 다른 알을 넣는 실험을 했다.

정상적인 반응이라면 재갈매기는 자신이 낳은 알을 먼저 품어야 하는데, 재갈매기는 자기 알이 아닌 다른 큰 알을 먼저 품었다. 재갈매기뿐만이 아니다. 어떤 다른 새는 어처구니없게도 도저히 품을 수 없을 만큼 커다란 다른 알을 품으려 했다.

검은머리물떼새는 한 번에 알을 3개 정도 낳으며, 많아야 4개 정도 낳는다. 나는 실험으로 알 5개짜리 둥지를 마련했다. 그랬더니 검은머리물떼새는 자신이 낳은 알 3개짜리 둥지 대신 알 5개짜리 둥지를 품었다.

이처럼 동물들이 자연적이며 정상적인 자극보다 더 큰 자극에 반응하는 현상을 '초정상 자극'이라고 한다. 초정상 자극 이론은 카를 폰 프리슈 등과 함께 노벨상을 받은 니코 틴버겐이 처음 제시했다. 니코 틴버겐은 네덜란드 출신의 영국 조류학자이자 동물행동학의 선구자이다.

다른 동물에게 자기 알을 맡겨 키우게 하는 번식 행동을 '탁란'이라고 한다. 주로 조류에게서 나타나지만 어류, 곤충류에서도 나타난다. 탁란 또한 초정상 자극을 이용한 동물행동이다.

원앙이나 물닭, 검은머리물떼새 등은 같은 종에게 알을 맡기는 종내 탁란을 한다. 그에 비해 뻐꾸기 등은 서로 다른 종에게 알을 맡기는 종간 탁란을 한다. 종간 탁란을 하는 새는 두견이과 대부분의 새들이다.

뻐꾸기는 멧새, 오목눈이, 개개비, 할미새 같은 자기보다 훨씬 작은 새의 둥지에 탁란한다. 이때 둥지의 주인이자 남의 알을 맡아 키우는 작은 새들을 숙주 새라고 부른다. 휘파람새도 숙주 새 가운데 하나이다.

멧새는 참새만 하고 뻐꾸기는 비둘기만 해서 두 새의 알 크기도 상당히 차이 난다. 멧새 둥지에 뻐꾸기가 몰래 알을 낳으면, 멧새는 침입자의 알을 경계하기는커녕 먼저 품는다. 자기가 낳은 알보다 뻐꾸기 알이 커서 더 좋아하는 것이다. 뻐꾸기가 둥지를 만들지 않고도 알을 낳으며 살아가는 비결은 어쩌면 숙주 새의 초정상 자극을 유도하는 꾀가 아닐까 싶다.

나는 유학을 마치고 돌아와 대학에서 교직을 맡으며 MBC 자연다큐멘터리 자문교수도 겸했다. 한번은 학교 뒷마을에 있던 붉은머리오목눈이 둥지에서 뻐꾸기 탁란을 발견했다. 당시만 해도 우리나라에서 뻐꾸기 탁란을 본 사람은 거의 없었다.

거의 매일 MBC 뉴스에서 새끼 뻐꾸기가 숙주 새의 알을 버리는 장면이나 숙주 새가 새끼 뻐꾸기에게 먹이를 가져다주는 장면들을 생중계했다. 그때 우리나라 대중들은 뻐꾸기의 탁란 행동에 대해 알게 되었지만, 아리스토텔레스는 이미 4세기에 그 내용을 기록으로 남겼다. 찰스 다윈 또한 저서인 『종의 기원』에 탁란을 자연선택을 통해 진화한 행동이라고 적었다.

흥미롭게도 숙주 새들은 제 새끼보다 굴러 들어온 남의 새끼에게 먹이를 즐겨 준다. 멧새나 할미새는 왜 생김새가 다른 뻐꾸기 새끼를 더 좋아할까? 바로 새끼 뻐꾸기의 생존 전략 때문이다. 새끼 뻐꾸기는 입을 크게 벌려 붉은 입속을 보인다.

숙주 새는 자기 새끼가 벌린 입보다 새끼 뻐꾸기가 벌린 입이 더 큰데다 빨간색에 자극을 받아 먼저 먹이를 준다. 숙주 새의 새끼는 새끼 뻐꾸기에게 밀려 둥지 아래로 이미 버려졌는데 숙주 새는 어이없게도 자기보다 몸집이 큰 새끼 뻐꾸기를 열심히 먹여 키우는 것이다.

붉은 입을 벌려 먹이를 재촉하는 새끼 뻐꾸기

뻐꾸기는 다른 새 둥지에 몰래 알을 낳는다. 새끼 뻐꾸기는 숙주 새의 새끼들보다 먼저 부화해 경쟁자를 둥지 밖으로 밀쳐내고, 남은 숙주 새의 새끼들과는 먹이 경쟁을 한다.

초정상 자극에 대한 연구는 동물행동학뿐만 아니라 인간의 심리학과 진화인류학 등에도 큰 영향을 끼쳤다.

붉은 립스틱을 바른 입술은 원래 입술 색보다 더 유혹적이다. 디즈니의 만화영화에 등장하는 동물 캐릭터들은 얼굴이 정상 비율보다 크고 '아기 얼굴'이어서 훨씬 귀엽게 보인다. 또 인체를 묘사하는 현대 조각가나 예술가들은 사람의 몸을 정확히 그려내기보다 특별히 과장하기를 좋아한다. 사람 또한 정상을 넘어서는 초정상 자극에 민감해 늘 새로운 도전이 이루어진다.

새끼 제비들의 입 크기 경쟁

부러진 다리를 고쳐 준 흥부에게 재물이 담긴 박씨로 은혜를 갚고, 강남 갔다 봄이 되면 어김없이 돌아오는 제비는 우리에게 다정하고 친숙한 새이다.

우리 옛 선조들은 제비가 숫자 겹치는 음력 9월 9일 중양절에 강남으로 떠났다가 3월 3일 삼짇날에 돌아와 총명하다며 길조로 여겼다. 그래서 집에 제비가 둥지를 틀면 좋은 일이 생긴다고 반겼다. 제비가 처마 밑에 새끼를 낳아 시끄러워도, 새끼가 많을수록 풍년이 들 것이라며 좋아했다.

제비는 새끼에게 먹이를 먹일 때 조류 세계의 기본 규칙을 따른다. 가장 크게 입을 벌려 강한 자극을 주는 새끼에게 먹이를 주는 것이다. 한 입에 물어온 먹이를 여러 마리에게 골고루 나눠주는 것이 아니라 한 마리에게 다 털어 넣기 때문에 생겨난 규칙이다.

보통 제비는 새끼를 5~6마리씩 낳는데, 새끼 제비들은 태어난 순서에 따라 덩치와 입 크기가 다르다. 부모가 먹이를 물어 오면 새끼들은 동시에 입을 크게 벌린다. 그러면 주저없이 노란 입속이 가장 크게 보이는 첫째에게 먹이를 넣어 준다.

부모는 다시 사냥에 나서고, 두 번째 먹이는 과연 누가 차지할까? 여전히 입이 가장 큰 첫째일까 아니면 이미 받아먹은 첫째를 기억한 부모가 다른 새끼에게 먹일까?

관찰 결과 여전히 자극과 반응의 원리가 작용했다. 제비 부부는 변함없이 입이 큰 새끼를 좋아했다. 하지만 다행히 두 번째 먹이를 가져오는 동안 첫째는 아직 소화가 안 되어 입이 덜 벌어졌다. 배고픈 다른 새끼들은 입을 더 크게 벌리게 마련이어서, 그중 입이 가장 큰 둘째가 먹이를 차지했다.

이런 식으로 새끼 6마리가 모두 먹이를 받아먹으려면 부모가 먹이를 물어오는 시간이 최소 4분 이상 걸리면 안 된다. 20분 정도 지나면 소화를 다 끝낸 첫째가 다시 입을 크게 벌리기 때문이다.

내가 관찰했을 당시 제비 부부는 새끼 제비들에게 먹이를 하루에 16번, 벌레를 무려 600여 마리 넘게 물어다 주었다. 1분 30초에 한 번 꼴로 먹이를 물어다 준 셈이다. 그때만 해도 제비가 먹이를 구하기 좋은 최고의 환경이었기에 가능한 일이었다.

더 관찰해 보니 부모 제비는 평균 2~3분에 한 번 꼴로 먹이를 물

먹이를 달라며 입을 크게 벌리는 새끼 제비들

어미는 언제나 입을 가장 크게 벌린 새끼에게 먹이를 넣어 준다. 벌레가 사라져 먹이 구하는 시간이 길어질수록 경쟁에서 밀리는 입 작은 새끼들은 살아남기 힘들다

어다 주었고, 먹이는 평균 벌레 18마리씩이었다. 제비 부부가 하루에 벌레를 7000마리나 잡은 셈이었다. 약 3주 동안 부모가 새끼를 돌보는 기간을 합치면 엄청난 양의 벌레를 잡아 허기진 새끼들의 배를 채웠다.

그러나 요즘 같은 환경에서는 제비 부부가 아무리 부지런해도 먹이를 제시간에 찾기 어렵다. 수로나 농경지 주변을 개발해 벌레들의 서식지가 사라졌고, 제초제와 농약 사용으로 벌레들이 더 이상 살 수 없기 때문이다.

부모가 먹이를 구하는 시간이 늦어질수록 입이 작은 어린 새끼들은 위기를 맞는다. 먼저 먹이를 받아먹은 입 큰 형제들이 소화를 시키고 다시 경쟁에 뛰어들어서이다. 셋째 차례에 다시 첫째가 입을 크게 벌려 먹이를 가로채면, 셋째 넷째 다섯째 그리고 여섯째는 계속 굶주릴 수밖에 없다.

이렇게 개발에 밀려난 동물들은 번식률이 낮아져 개체수가 줄어들고 결국 멸종에 이를 수밖에 없다. 요즘 우리와 가깝게 지내고 어디서든 볼 수 있던 제비 또한 도심은 물론 농촌에서조차 보기 힘들어졌다. 제비는 50년 전에 비해 90퍼센트 이상 줄었다.

전 세계에서 매해 여의도 면적의 약 60~70배나 되는 생물 서식지가 사라지고 있다. 그에 따라 다양한 생물들이 멸종위기에 처했다. 없어지고 사라져야 하는 것은 지구 환경을 지켜온 생물들이 아니라, 무분별한 개발만을 좇는 인간의 탐욕이다.

우리는 흔히 편히 쉴 수 있는 안락한 집을 가리켜 '보금자리'라고 한다. 보금자리는 새가 알을 낳거나 깃드는 둥지를 말한다. 그만큼 새의 둥지가 아늑하고 안전하다는 뜻인데, 이는 새들의 발달된 건축 기술 덕분이다.

뻐꾸기처럼 둥지를 직접 만들지 않고 남의 둥지에 알을 낳는 새도 있지만, 대개 새들은 저마다의 생태 특징에 맞게 독특한 방식으로 둥지를 짓는다. 땅 위나 땅속, 절벽 바위틈, 나무 구멍, 물 위 등 장소도 다양하고 모양과 크기, 재료도 갖가지이다.

둥지를 잘 지으려면 뭐니 뭐니 해도 장소가 가장 중요하다. 포식자들이 도저히 접근할 수 없거나 포식자의 눈을 피할 수 있는 곳에 둥지를 지어야 번식에 성공한다.

바다제비나 칼새 같은 많은 새들이 깎아지른 절벽의 바위틈이나 나무를 찾아 둥지를 튼다. 날개 없는 포식자들이 다가올 수 없는 천혜의 요새인 셈이다. 절벽에 둥지를 짓는 새들의 알은 원처럼 동그랗지 않고 한쪽이 뾰족한 원뿔 모양이다. 알이 동그랗다면 작은 움직임에도 굴러 떨어지기 쉽지만, 한쪽이 뾰족하면 둥지 안에서만 맴돌아 떨어질 리 없다.

반면에 물떼새는 앞이 탁 트인 바닷가 자갈밭에 무리를 지어 둥지를 짓는다. 그러고는 가림막도 없는 자갈밭에 알을 낳고 배짱 좋게 방치한다. 무모하다 못해 어리석어 보이나 여기에는 영리한 위장술이 따른다. 적을 피할 수 없다면 적의 눈을 속이면 된다. 물떼새는 작은 돌로 둥지를 짓는데, 물떼새의 알은 자갈과 비슷한 색이다. 바다갈매기 같은 포식자들이 지천으로 깔린 자갈밭에서 물떼새 알을 구별하기란 쉽지 않다.

물떼새는 적의 눈을 속이는 데 탁월한 재주를 지녔다. 보호색으로 눈속임한 둥지가 발각될 위기에 처하면 어미 물떼새는 또 다른 눈속임을 준비한다. 마치 다친 것처럼 몸을 끄는 행동을 해 적을 다른 곳으로 유인한다.

구멍을 뚫어 둥지를 짓는 새들도 있다. 딱따구리는 부리로 나무를 쪼아 구멍을 뚫은 뒤 그 안에 알을 낳는다. 아이슬란드에서 흔히 볼 수 있는 퍼핀은 절벽 틈새에 구멍을 뚫어 둥지로 삼는다.

멧새는 땅 위에 둥지를 짓고 물총새는 강둑 같은 물가 땅속에 둥지를 짓는다. 물총새는 물 표면에서 1~2미터쯤 높은 흙벼랑에 원을 그리며 날다가 그 자리를 조금씩 부리로 판다. 다리를 올려 놓을 수 있을 만큼 구멍을 파고, 그 위에 올라서서 약 1미터 정도 옆으로 계속 파고 들어가 넓은 방을 만든다. 물총새는 그 안에 들어가 토해낸 생선뼈로 알을 낳을 자리를 마련한다.

논병아리는 논이나 늪 한가운데에 둥지를 짓는다. 수생식물의 잎과 줄기나 조류를 쌓아 물 위에 뜬 집을 짓는 것이다. 논 한가운데에 물 위에 뜬 집을 지으면 포식자를 피할 수 있을 뿐더러 먹이도 쉽게 구할 수 있다.

경계심 많은 까치는 높은 나무 꼭대기에 나뭇가지를 모아 공 모

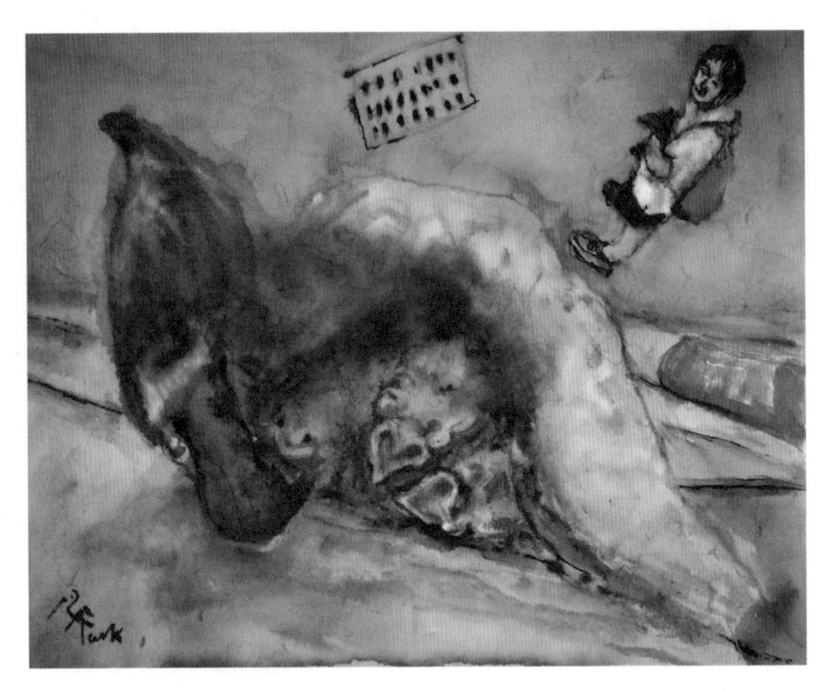

사람이 사는 집 처마에 둥지를 마련한 제비

제비는 주로 우리가 사는 지붕 처마에 집을 짓는다. 한 지붕 밑에서 두 가족이 사는 셈이다.
어미 제비는 둥지를 짓기 위해 진흙 덩어리와 지푸라기를 부리에 실어 나른다.
새끼가 자라 둥지를 떠날 때까지 어미는 계속 집을 수리한다.

양으로 촘촘히 엮은 둥지를 짓는다. 알을 낳을 때마다 새 둥지를 짓지 않고 같은 둥지를 고쳐 쓰기 때문에 해마다 둥지가 점점 커진다. 마을에서 높은 나무를 찾아보면 어김없이 까치집이 있다. 까치가 울면 반가운 손님이 온다는 말이 있다. 사람 입장에서야 반가운 손님이겠지만 까치 입장에서는 낯선 침입자에 불과해 목청껏 울면서 경계하는 것이다.

경계심 없이 사람과 친숙하게 지내는 제비는 아예 사람이 사는 지붕 처마나 난간에 진흙과 지푸라기를 모아 끈적한 침을 섞어 밥그릇 모양의 둥지를 짓는다. 사람들은 더부살이하는 제비 때문에 시끄럽고 집이 지저분해져도 쫓아내기는커녕 길조라며 반긴다.

북아메리카에 사는 솥새는 암수가 함께 울타리 기둥 위에 진흙을 모아 솥 모양의 둥지를 짓는다. 이들은 비가 오기를 기다렸다가 흙이 질척해지면 부리로 점토 덩어리를 만든다. 둥지 하나를 지으려면 대략 2000개가 넘는 점토 덩어리가 필요하다.

솥새는 사람이 벽돌을 쌓듯 점토 덩어리를 이어 붙여 둥근 뚜껑을 가진 멋진 둥지를 짓는다. 산란실과 둥지 입구 사이에는 경계 벽을 쌓아 다른 동물이 침입해도 산란실 안으로는 못 들어오게 구멍을 좁힌다.

솥새는 가마새라고도 하는데, 영문명도 '오븐버드(Oven Bird)'이다. 비가 그치고 햇빛이 비치면 질척했던 솥새 둥지는 금세 돌처럼 단단하게 굳어 최고의 보금자리가 된다.

인도산 재봉새는 어린 나뭇잎의 가장자리에 구멍을 뚫어 식물 줄기를 재봉질하듯 한 올 한 올 꿰어 둥지를 짓는다.

직조새는 종려나무의 잎을 찢어 실을 만든 다음 공 모양으로 둥지를 짓는다. 뜨개질과 비슷한 규칙으로 실을 엮는데, 나뭇가지에 고정시키거나 실끼리 연결해 튼튼하게 만든다.

태어나서 한 번도 집 짓는 법을 배운 적 없는 새들이 어떻게 견고하고 안정적인 둥지를 지을 수 있을까? 그 이유는 새들이 부모에게서 유전자를 통해 집 짓기 행동을 물려받기 때문이다.

새들이 지은 둥지는 무너져 내려앉는 법이 없다. 그렇다고 비가 줄줄 새지도 않는다. 한 번도 배운 적 없이 훌륭하게 집 짓는 새들은 최고의 건축가라고 불릴 만하다.

꼬리에 꼬리를 물고 이사하는 멧밭쥐

박쥐보다 더 사람들에게 미움받는 동물을 꼽으라면 쥐가 그 앞에 나설 만하다. 인간과 쥐는 한시도 타협한 적 없다. 생활권이 겹치고 먹는 것도 같은 잡식성이라 동서고금을 막론하고 늘 맞서 왔다.

쥐는 대대적인 소탕 전쟁을 벌여도 번식력이 강하고, 하루에 자기 몸무게의 두세 배를 먹어치워 작지만 매우 위협적이다. 특히 곡식을 좋아해서 쥐를 잡지 않으면 인간이 식량난에 시달릴 수밖에 없다. 쥐는 종종 가구를 갉거나 전선을 끊어 정전과 화재를 일으킨다. 그리고 무엇보다 쥐가 무서운 것은 페스트 같은 질병을 옮겨 재난을 불러온다는 것이다.

이렇게 인간에게 해만 끼치니 만화영화 주인공 미키마우스 말고는 웬만한 쥐 종류는 사람들에게 사랑받지 못한다. 그러나 예외는 있게 마련이다.

멧밭쥐는 세계적으로 1000종이 넘는 쥐 종류 가운데 가장 작다. 생쥐도 작은데 멧밭쥐는 더 작다. 꼬리를 뺀 몸길이는 5~6센티미터 정도이고, 몸무게는 10그램도 안 된다. 풀줄기에 멧밭쥐가 올라앉아도 풀이 꺾이지 않을 만큼 가볍다. 크기는 어른 엄지손가락만 하고, 털색은 전체적으로 주황색에 가깝다. 실제로 보면 집으로 가져가 기르고 싶을 만큼 몹시 앙증맞다.

들쥐인 멧밭쥐는 시골에 산다. 시골 집이나 헛간이 아닌 밭두렁이나 논두렁 같은 풀이 무성한 곳을 살피면 멧밧쥐를 볼 수 있다.

나는 멧밭쥐를 관찰하다 이 작고 귀여운 동물에 흠뻑 빠졌다. 생김새도 귀엽지만 새처럼 정교한 둥우리를 짓는 모습이 신기했다. 다른 쥐들은 집을 짓지 않고 헛간이나 건물 틈새에 사는데, 멧밭쥐는 그렇지 않다. 풀밭에 둥우리를 짓고 산다.

멧밭쥐가 집 짓는 솜씨는 최고의 건축가로 소문난 새들 못지않다. 땅 위 약 50~60센티미터 높이에서 참억새나 강아지풀들을 엮어 공 모양으로 둥우리를 만든다. 멧밭쥐 둥우리의 크기는 테니스공만 하다. 만약 빈 둥우리만 봤다면 아마도 오목눈이 같은 새의 둥지로 착각할 정도이다.

멧밭쥐는 둥우리에서 새끼를 낳고 길러야 하므로 집 내부 습도를

새처럼 둥우리를 튼 멧밭쥐

많은 쥐 종류들이 집을 짓지 않는데, 멧밭쥐는 새 둥지 같은 둥우리를 짓고 산다.
멧밭쥐는 가끔 둥우리가 아닌 꽃 속에 들어가 쉬거나 몸을 숨기기도 한다.

유지하는 일이 무엇보다 중요하다. 그래서 풀줄기를 완전히 자르지 않고 일부만 잘라 엮는다. 둥우리에 쓰인 풀들이 여전히 뿌리에서 수분을 공급받으니 둥우리가 녹색을 띤다. 이는 집 안이 건조하지 않게 막는 훌륭한 방법이다.

가느다란 풀줄기 위에 올라가 집을 짓는 일은 꽤 어려운 일이다. 그래서 멧밭쥐는 특별한 기술을 쓴다. 마치 서커스하듯 풀줄기에 꼬리를 감아 균형을 잡으며, 입과 앞발로 풀을 자르거나 엮는다. 이 작업은 새끼를 밴 암컷이 만삭이 될 때쯤 시작된다. 둥우리는 2~3일이면 다 완성된다.

멧밭쥐는 새끼를 보통 6마리 정도 낳는다. 새끼들은 태어난 지 보름 정도 지나면 다 자라서 독립한다. 드물지만 새끼를 기르는 중에 온 가족이 이사할 때가 있다.

비가 많이 내려 둥우리가 물에 잠기거나 하면 어미 멧밭쥐는 새끼들을 데리고 이사 길에 나선다. 먼저 어미 멧밭쥐가 앞장서고, 새끼 한 마리가 어미의 꼬리를 문다. 그 다음 다른 새끼 한 마리가 앞선 형제의 꼬리를 물고, 남은 형제들도 차례로 앞 형제의 꼬리를 물어 긴 사슬을 만든다. 꼬리에 꼬리를 문 멧밭쥐 가족이 마치 기차 여행을 하는 듯한 모습이다.

멧밭쥐는 사람들에게 해를 끼치지도 않는다. 주로 강아지풀, 왕바랭이, 돌피의 풀씨나 땅에 사는 곤충을 잡아먹고 산다. 멧밭쥐는 생태계의 중심에 서 있다. 뱀, 족제비, 황조롱이 그리고 황새의 먹이가 되어 생태계의 균형을 이루는 데 큰 역할을 한다.

우리 조상들은 농약이 없던 시절에 '땅힘'을 길러 농사지었다고 한다. 땅힘이 뭔가 하고 살펴 보니 바로 '생물다양성'이었다. 한 해 동안 논에 벼를 심어 농사짓고, 다음해는 그 논을 묵히는 것이 땅힘을 기르는 방법이다.

논을 묵히면 풀들이 무성해져 멧밭쥐가 둥우리를 짓고 살기 좋다. 그러면 멧밭쥐를 중심으로 다양한 생물들이 먹이사슬로 얽혀 논에 살면서 해충이 사라지고 땅도 비옥해진다. 이듬해 비옥해진 논에 다시 물을 채워 벼를 기르면, 비료나 살충제 없이도 벼가 잘 자라게 마련이다.

안타깝게도 멧밭쥐 또한 우리 주변에서 사라져 간다. 농지 정리를 하면서 이들의 서식지도 정리되고 있다. 잡풀이 무성한 땅은 쓸모없다며 무분별하게 개발하니 멧밭쥐가 살 곳이 없다.

요즘은 친환경 개발이라며 강이나 하천 주변에 생태공원이라는 이름을 내걸고 환경을 파헤치고 있다. 산책길 중간에 물고기들이 살도록 인공 연못을 만들고 그 위에 나무다리를 만든다. 하천 주변에 아무렇게나 자라던 풀들을 정리하고 대신 잔디를 새로 심어 의자를 놓거나 운동기구를 마련해 공원으로 꾸미기도 한다.

이것을 친환경 생태공원이라고 알리는데, 이런 경관에서는 멧밭쥐 같은 야생동물들이 살아갈 수 없다.

자연은 있는 그대로일 때 가장 자연스럽다. 인간의 손길이 없어야 야생동물들이 제자리를 지키며 살아간다.

새끼 바다거북들의 대탈출

거북은 전 세계에 240여 종 있는데, 거의 육지와 민물에 사는 육지거북이다. 남해 용궁에서 왔다는 『별주부전』의 주인공 자라도 바다가 아닌 하천에 사는 육지거북류이다. 반면에 바다에 사는 거북 종류는 몇 안 되어 바다거북 7종과 장수거북뿐이다. 우리나라에는 자라, 남생이, 장수거북, 바다거북이 산다.

바다거북은 육지거북과 생김새도 다르다. 육지거북은 땅 위에서 기어다니기 좋게 다리가 발달했고, 바다거북은 물속에서 헤엄치기 좋게 다리가 물갈퀴로 변했다.

육지거북은 위험에 처하면 머리와 다리를 등딱지 안으로 집어넣는다. 워낙 느려서 피하지 못하고 딱딱한 등딱지 안으로 숨어 몸을 보호하는 것이다. 그러나 바다거북은 등딱지 안으로 숨지 않는다. 느림보 육지거북과는 달리 재빨라서 멀리 헤엄쳐 도망간다.

바다에서 생활하는 바다거북이 육지에 올라올 때가 있다. 바닷가 모래톱에 알을 낳기 위해서이다. 바다거북의 고향은 육지인 셈이다. 물론 알에서 깨자마자 곧바로 바다를 찾아간다. 육지가 고향인 바다거북은 허파로 숨을 쉰다. 바닷속에서 헤엄치다가도 숨을 쉬기 위해 물 위로 올라온다.

바닷속에서 짝짓기를 마친 암컷 바다거북들은 2년 또는 3년마다 산란기가 되면 바닷가 쪽으로 이동한다.

육지에 올라온 암컷들은 먼저 바닷가 모래 바닥에 35~40센티미터 깊이로 구덩이를 파고, 그 속에 몸 전체를 숨긴다. 그런 다음 뒷다리로 40센티미터 정도 구덩이를 더 파서 알을 약 100여 개 정도 낳고 모래로 구덩이를 덮는다. 이렇게 해서 10여 차례에 걸쳐 500개에서 많게는 1000개에 이르는 알을 낳는다.

알을 낳은 지 50~80일 정도 지나면 모래 구덩이 속 알들이 깨어나기 시작한다. 알을 깨고 나온 새끼 바다거북들은 서로 도와 모래를 헤치고 땅 위로 올라온다. 구덩이에 알을 많이 낳을수록 어린 새끼 거북들이 서로 도와 빠져나오기 쉽다.

나는 새끼 바다거북들이 어떻게 서로 도우며 모래 구덩이에서 빠져나오는지 알아보기 위해 실험을 했다. 먼저 바다거북이 낳은 알을 꺼내 1개씩부터 10개씩 무더기를 나누어 구덩이에 넣고 모래를 덮었다. 그다음 알이 묻힌 모래 구덩이 옆을 파내고 유리로 막아, 알에서 깬 새끼 바다거북이 어떻게 구덩이 밖으로 나오는지 관찰했다.

알을 1개씩 넣고 22번 묻은 결과 6마리 즉 27퍼센트만 밖으로 기어나왔다. 그나마 밖으로 기어나온 새끼 바다거북은 바다를 향해 제대로 가지도 못했다.

알을 2개씩 넣은 모래 구덩이에서는 새끼 바다거북들이 84퍼센트 정도 기어나왔으며, 바다를 향해 제대로 빠져나갔다. 한편 알을 4개 이상씩 넣어둔 모래 구덩이에서는 완벽하게 모든 알에서 새끼가 깨어 밖으로 기어나왔다.

같은 구덩이 속 알 무더기에서 상대적으로 빨리 깬 새끼 바다거북은 곧장 모래 구덩이 위로 빠져나오는 것이 아니라 다른 새끼 바다

바닷속에서 헤엄치는 바다거북

바다거북은 주로 열대 해역과 아열대 해역에 산다. 우리나라에서는 제주도 인근 바다에서 따뜻한 난류를 타고 올라온 바다거북을 볼 수 있다.

거북들이 알에서 깰 때까지 기다렸다.

하나둘 알에서 깬 새끼 바다거북들은 부서진 껍데기 덕분에 공간을 더 넓게 쓸 수 있다. 알에서 모두 깨어나면 이제 서로 힘을 합쳐 본격적으로 밖으로 기어나갈 준비를 했다. 아직 초반이라 제대로 된 협조가 이루어지지 않지만 그래도 새끼 바다거북들은 꿈틀거리며 분주하게 움직였다.

위쪽에 있는 새끼 바다거북들은 구덩이를 덮은 모래 천장을 파내고, 중간에 있는 새끼 바다거북들은 벽을 허물었다. 아래쪽에 있는 새끼 바다거북들은 위쪽에서 떨어지는 모래를 발로 밟아 다졌다. 이렇게 계속 협동하면서 새끼 바다거북들은 차츰 모래 위쪽으로 솟아올라 대탈출에 성공했다.

이렇듯 바다거북은 알에서 깨어난 새끼들의 집단행동을 통해 개체 생존율을 높인다.

집단행동으로 서로 도와 무사히 구덩이를 빠져나온 새끼 바다거북들은 이제 일생일대의 가장 위험한 시련기를 맞이한다. 다 자란 바다거북은 딱딱한 등껍데기 때문에 포식자에게 먹힐 위험이 적다. 그러나 알에서 갓 깨어난 새끼 바다거북은 손쉬운 먹잇감이 된다. 새끼 바다거북들은 모래 구덩이를 탈출하자마자 갈매기 같은 포식자들을 피해 바다까지 전력질주해야 한다.

바다까지 무사히 도착해 바다 생활에 안착해도 바다거북을 위협하는 또 다른 문제가 도사리고 있다. 바다거북은 물결에 흔들리는 해초나 해파리류를 먹고 산다. 그런데 사람들이 버린 비닐이나 낚싯줄,

스티로폼 등이 바다에 떠다니며 먹이로 착각하게 만든다. 이런 쓰레기를 먹으면 소화불량으로 먹이 활동에 문제가 생기고, 심하면 장을 막아 죽게 된다.

얼마 전 우리나라 멸종위기종인 푸른바다거북을 제주 바다에 방류했는데 사체로 돌아와 부검했더니 뱃속에 비닐이 가득 차 있었다는 뉴스가 보도되었다. 환경 오염으로 인한 해양 생물의 죽음은 우리나라뿐만 아니라 전 세계 곳곳에서 벌어지는 일이다.

2018년 한 자연 다큐멘터리를 통해 코스타리카 연안에서 잡힌 바다거북의 콧구멍에 빨대가 꽂힌 모습이 전해져 전 세계 사람들이 경악했다.

반면에 2020년 감염병 대유행으로 출입이 통제된 인도의 한 해변에 바다거북 80마리가 알을 낳기 위해 나타났다는 반가운 소식도 있다. 바다거북은 지구 환경 상태를 측정하는 지표종이다.

큰가시고기의 혼인춤

어류 가운데 가장 매력 있는 춤꾼은 큰가시고기이다. 큰가시고기는 우리나라 연해와 강하구에 사는 민물고기로, 몸길이가 9센티미터 정도이며 가시고기 종류 가운데 가장 크다. 커다란 가시가 등쪽에 3개 있고, 가슴지느러미 쪽과 뒷지느러미 바로 앞쪽에도 1개씩 있다.

큰가시고기는 2월에 연해에서 동해안 하구로 올라온다. 2월이면 얼음이 채 녹기 전이라, 이들은 무리를 지었다가 차츰 얼음이 녹으면 잔잔한 민물가로 올라와 짝짓기할 준비를 한다.

짝짓기할 때가 되면 수컷 큰가시고기는 황홀하게 변신한다. 배는 투명한 붉은색, 등은 녹청색으로 변하고 눈은 에메랄드색으로 현란하게 반짝인다. 이렇게 번식기에 몸 색깔이 변하거나 무늬가 나타나는 것을 '혼인색'이라고 한다. 혼인색은 주로 수컷에게 나타나는데, 어류뿐만 아니라 조류, 양서류, 파충류에서도 볼 수 있다.

혼인색을 띤 수컷 큰가시고기는 물풀을 물어와 신방을 꾸미기 시작한다. 물어온 물풀을 내려놓고 그 위에 배를 댄 채 파르르 떨면 콩팥에서 끈끈한 액체가 나와 물풀들이 서로 달라붙는다. 수컷 큰가시고기는 달라붙은 물풀 밑바닥의 흙을 주둥이로 파내어 굴을 만든다.

수컷 큰가시고기는 둥지를 다 짓고 혼인할 암컷을 찾는다. 암컷 큰가시고기는 수컷과는 달리 아름다운 혼인색이 없으며 배에 알이 차 불룩하다. 수컷 큰가시고기는 배가 불룩한 암컷을 발견하면 번개처럼 돌진해 그 앞에서 멈춘다. 그러고는 지그재그 모양으로 춤을 추면서 둥지로 암컷을 유인한다. 사랑을 얻기 위해 매력을 뽐내는 멋진 혼인춤이다.

춤을 추며 둥지에 도착한 수컷 큰가시고기는 먼저 둥지 안으로 들어가 점검을 하고, 뒤따라 들어온 암컷 큰가시고기가 알을 낳기 시작할 때 주둥이를 떨어 산란을 돕는다. 암컷 큰가시고기가 수북이 알을 다 낳으면 수컷 큰가시고기는 그 위에 사정을 하면서 멋진 사랑의 무도회를 마친다.

많은 동물들이 엄마에게 자식 돌보는 일을 맡기지만, 어류 중에는 아빠가 더 헌신적으로 육아를 하는 물고기들이 많다. 수컷 큰가시고기도 그중 하나로, 헌신적으로 새끼를 돌본다.

더운 여름날 엄마가 잠든 아기를 위해 부채질하듯, 수컷 큰가시고기는 수북이 쌓인 알 위에서 쉬지 않고 가슴지느러미를 흔든다. 이는 더위를 식히기 위해서가 아니라 물결을 일으켜 산소를 공급하기 위해서이다. 수컷 큰가시고기의 부채질은 수정란이 자라 부화할 때까지 밤낮을 가리지 않고 이어진다.

잔가시고기는 등쪽에 9~10개의 작은 가시가 있다. 크기는 5센티미터 안팎으로 큰가시고기보다 조금 작다. 잔가시고기도 기묘한 산란 습성이 있다.

산란기인 5월에서 7월이 되면 수컷 잔가시고기는 잔잔하게 흐르는 시내 근처로 이동해 큰 물풀 줄기에다 작은 물풀 줄기와 잎으로 둥지를 짓는다. 둥지는 4센티미터로 새의 둥지 모양이며 둥근 출구가 있다. 둥지는 수컷 혼자 짓는데, 1~3일이면 거뜬하다.

둥지를 다 지은 수컷 잔가시고기는 그 옆에서 암컷 잔가시고기를 기다린다. 그러다 암컷이 보일 때 지느러미를 활짝 펴 짙푸른 혼인색으로 구애한다.

수컷의 구애 행동을 보고 암컷 잔가시고기가 다가오면, 수컷 잔가시고기는 먼저 둥지 안으로 들어가 최종 점검을 하고 암컷을 불러들인다.

암컷 잔가시고기는 둥지 안에서 30~40분 동안 머물며 알을 낳은

혼인춤을 추는 큰가시고기

화려한 혼인색을 띤 수컷 큰가시고기는 수족관 아래쪽에 노란색 둥지를 만들고
그 밑바닥 흙을 주둥이로 파낸다. 그런 다음 배가 불룩한 암컷 큰가시고기 앞에서
지그재그 모양으로 멋진 혼인춤을 추며 둥지로 이끈다.

후 들어간 입구의 반대편을 부수고 밖으로 나간다. 그러면 곧바로 수컷 잔가시고기가 들어와 수북이 쌓인 알 위에 정액을 뿌리고 암컷이 부순 구멍을 고친다. 그러고는 다시 둥지 옆에서 또 다른 암컷이 접근해 오기를 기다린다.

잔가시고기는 텃새 행동도 요란하다. 어항에다 수컷 잔가시고기 몇 마리를 함께 기르면 처음에 격렬한 싸움이 일어난다. 그러다 시간이 지나면서 각자 터를 확보해 평화가 찾아든다.

터를 확보한 잔가시고기들은 연한 갈색이던 몸색깔을 짙푸른색으로 바꾼다. 그중 가장 넓은 구역을 차지한 수컷 잔가시고기는 더욱 짙푸른색을 띤다. 이때 잔가시고기가 띠는 짙푸른색은 "내 터를 확보했다."는 신호이다.

나는 터를 확보해 몸색깔이 짙푸른색으로 변한 수컷 한 마리를 투명한 유리병에 담아 옆 터 주인인 또 다른 수컷 잔가시고기에게 접근시켰다. 그러자 재미있는 현상이 벌어졌다.

옆 터 주인은 유리병에 담긴 놈을 침입자로 여겨 유리를 향해 공격했다. 그러자 유리병에 담긴 수컷은 영토를 차지하고 바꾸었던 짙푸른색이 원래 몸색깔인 연한 갈색이 되었다. "나는 이곳에서 너와 싸우고 싶지 않다."는 신호이다.

유리병에 담은 수컷을 자기 영토에 넣으니 몸색깔이 다시 짙푸른 색깔로 돌아갔다. 그러고는 영토를 지키기 위해 정찰에 나섰다.

큰가시고기의 텃새 행동도 만만치 않다. 수컷 큰가시고기는 자기 영토에서 붉은색만 보이면 난폭해졌다. 심지어 실험을 하기 위해 붉은색으로 물들인 내 손가락에도 격렬하게 반응했다. 도대체 왜 그럴까? 큰가시고기의 서식지에서 붉은색을 띠는 것은 동종의 수컷밖에 없기 때문이다.

일찍이 동물행동학자 니코 틴버겐은 다른 동물을 자극해 행동을 불러일으키는 요인을 '해발인'이라고 불렀다. 붉은색은 큰가시고기를 공격하게 만드는 해발인이다.

수컷 큰가시고기 두 마리를 작은 어항에 넣고 영토싸움이 어떻게 벌어지는지 관찰해 봤다. 상대적으로 작은 수컷 큰가시고기를 먼저 어항에 넣자 곧바로 둥지를 짓고 영토를 장악했다. 이어서 큰 수컷 큰가시고기를 같은 어항에 넣었다.

몸집이 큰 수컷도 곧바로 어항 한편에 둥지를 지어 영토를 확보하고 경계를 시작했다. 물론 먼저 영토를 차지한 작은 수컷의 경계도 한층 강화되었다.

두 큰가시고기는 곧 격렬하게 영토싸움을 벌였다. 큰가시고기들의 공격력은 언제나 자기 둥지와의 거리에 반비례했다. 둥지 가까이에서는 물어뜯을 만큼 광폭해졌지만, 둥지에서 멀어지면 멀어질수록 공격력이 약해졌다.

아무리 힘이 세고 몸집이 커도 자기 둥지에서 멀어지면 도망치고, 몸집이 작더라도 자기 둥지 가까이에서는 훨씬 큰 놈을 공격했다.

수세에 몰린 큰 수컷이 자기 영토로 도망가자 공격하던 작은 수컷이 추격했다. 작은 수컷이 큰 수컷을 향해 추격할수록 점점 자기 영토에서 멀어지고 상대 영토에 가까워졌다. 곧 상황이 역전되었다. 도망가던 큰 수컷은 자기 영토 주변에서 반격에 나섰고, 추격해 오던 작은 수컷은 자기 영토로 도망갔다. 이렇게 큰가시고기들의 영토싸움이 되풀이되었다

영토싸움은 큰가시고기에만 국한되지 않는다. 게, 거미, 곤충 그리고 대부분의 척추동물에서 일어난다. 동물들은 왜 영토싸움을 벌일까? 그 이유는 짝을 지어 자손을 낳고 잘 기르기 위해서이다. 영토가 없거나 빼앗기면 번식도 못하고 먹을 것도 보장받을 수 없다. 그래서 동물들에게 영토는 생존권이다.

영토를 방어하는 행동은 본능이다. 영토를 방어하기 위해 동물들은 비용을 많이 지불한다. 새들은 봄이 되면 영토를 장악하고 노래를 부른다. 영토 경계 지역을 돌며 "여기는 나의 집!" 하고 광고한다. 만약 광고를 소홀히 하면 금세 경쟁자에게 뺏기게 된다. 새를 관찰하면서 영토가 있는 수컷을 잡아 잠시 새장에 가두었더니 주인이 사라진 그 영토를 이웃 수컷이 점령했다.

자기 영토를 알리고 방어하는 광고는 소리뿐만 아니라 냄새로도 알릴 수 있다. 영토 경계 지점을 돌면서 자기 냄새를 흔적으로 남기는 것이다. 또한 경쟁자의 눈에 잘 띄는 곳에서 몸색깔로 광고하거나 무기가 될 만한 몸의 가시를 보여 주면서 광고하는 동물들도 있다.

독도를 두고 영토싸움을 걸어오는 이웃 나라에게 우리도 '독도는 우리 땅'이라고 광고하면서 여러 흔적과 기록으로 끊임없이 누구의 영토인지 되새길 필요가 있다. 영토싸움은 생존권 문제이다.

조개에 알을 낳는 물고기

각시붕어는 잉어과 민물고기로 우리나라에만 사는 특산종이다. 몸길이가 4~5센티미터이며 등쪽은 청갈색, 배쪽은 담황색 또는 회색을 띤다. 물고기들은 대부분 물속에서 체외수정을 하는데, 각시붕어는 납자루와 함께 민물조개에다 알을 낳는다.

체외수정을 하는 물고기들은 물속에다 알을 낳기 때문에 새끼들이 부화하기 전에 포식자들에게 손쉬운 먹잇감이 된다. 설령 알에서 부화한다 해도 스스로 방어 능력을 갖추기 전에 역시 먹잇감이 되기 쉽다.

각시붕어와 납자루는 이런 무방비 체외수정과는 다른 방법으로 알을 낳는다. 수컷 각시붕어는 짝짓기할 때가 되면 울긋불긋한 화려한 혼인색을 띤다. 그리고 암컷 각시붕어 앞에서 구애 행동을 하며 조개 쪽으로 끌어온다.

각시붕어의 산실로 이용되는 조개는 모래에 세워진 채 묻혀 있어야 한다. 그리고 조개 뒷면이 위로 향해야 하는데, 그곳에는 지름이 약 3밀리미터 가량 되는 구멍이 두 개 있다.

그중 하나는 입수공으로 물을 안으로 끌어들이는 곳이다. 그 밑은 출수공으로 물을 밖으로 내보내는 곳이다. 조개는 입수공으로 물을 한 번 끌어들였다가 출수공으로 내뿜으면 약 2~3밀리미터 정도 앞으로 나아갈 수 있다.

암컷 각시붕어는 물이 들어가는 입수공보다 아래쪽인 출수공에

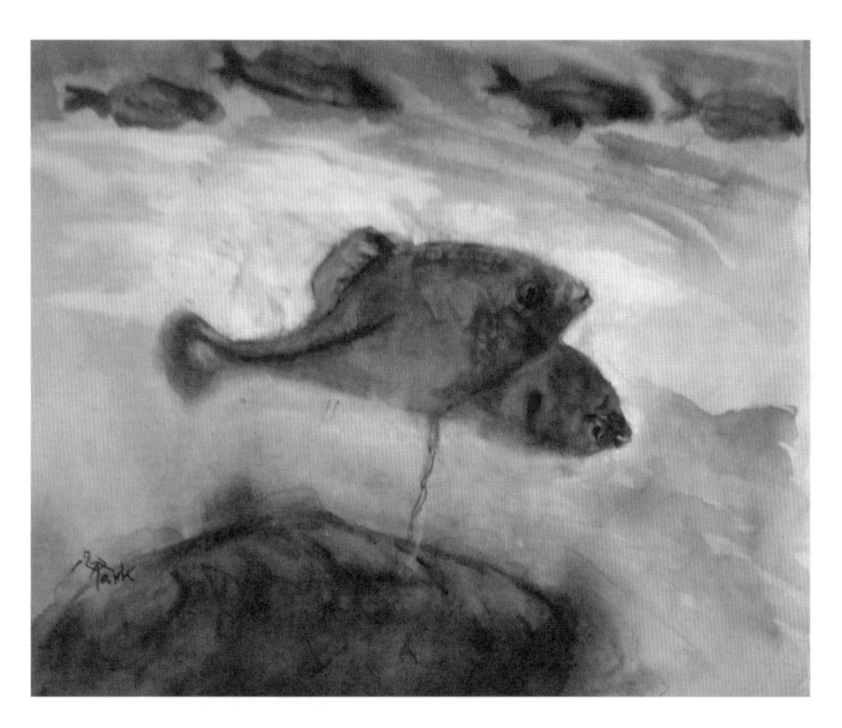

말조개 안에 알을 낳는 각시붕어 한 쌍

암컷 각시붕어가 산란관을 길게 늘여뜨려 말조개의 출수공에 알을 낳는다. 수컷 각시붕어는 그 위에 사정하고, 말조개 안에서 알이 깰 때까지 안전하게 돌본다.

산란관을 길게 늘어트려 알을 낳는다. 그러면 수컷 각시붕어가 그 안에다 사정하고, 새끼들이 알을 깨고 조개의 출수공에서 나올 때까지 지킨다.

납자루류에 속한 줄납자루는 한 번에 알을 낳는 수가 적다. 하지만 각시붕어처럼 알을 민물조개에 맡겨 키우기 때문에 새끼가 알을 깨고 살아남을 확률이 다른 물고기와는 비교가 안 될 만큼 높다.

줄납자루는 몸길이가 6~10센티미터 정도인 잉어과 물고기로 우리나라 어디서에나 볼 수 있는 민물고기이다.

산란기가 되면 수컷 줄납자루는 불그레한 혼인색을 띤다. 암컷 줄납자루는 마치 항문에 긴 똥을 매달고 있는 것처럼 보이지만, 사실은 속이 비어 있는 3센티미터 가량의 산란관이다.

수컷 줄납자루는 먼저 민물조개가 있는 곳에 자기 터를 정하고 다른 수컷이 다가오지 못하도록 철저히 막는다. 그러다 암컷 줄납자루를 발견하면 혼인색을 보이며 구애 행동을 한다.

수컷 줄납자루는 구애 행동 초기에 암컷에게 공격하듯 자세를 잡는다. 그러면 암컷 줄납자루는 곧바로 수컷 아래쪽으로 피신한다. 이것은 암컷을 유인하기 위한 행동으로 물고기들의 구애 행동에서 으레 볼 수 있는 모습이다.

수컷 줄납자루가 암컷 줄납자루를 산실로 유인하는 데 성공하더라도 암컷은 조개 상태가 마음에 들지 않으면 알을 낳지 않는다. 조개의 출수공에서 물이 방울방울 올라와야 암컷은 비로소 알을 낳을 마음이 생긴다. 출수공에서 나오는 이산화탄소가 암컷의 산란을 자극하는 것이다.

암컷 줄납자루는 열린 조개 껍데기 안쪽의 외투강에 산란관을 집어 넣고 1~2개의 알을 밀어 넣는다. 그러고 나서 자리를 비켜 주는데, 수컷은 암컷이 낳은 구멍에 정액을 부어 넣는다.

수정이 끝나면 수컷 줄납자루는 다른 암컷을 기다렸다가 같은 방법으로 끌어온다.

여러 암컷 줄납자루는 조개 하나에 알을 100개까지 낳을 수 있다. 줄납자루 알은 조개가 빨아들인 신선한 물에서 산소를 공급받으며 안전하게 자란다. 강물이 말라도 걱정없다. 조개는 힘찬 추진력으로 다른 물가를 찾아가기 때문에 그 안에 든 줄납자루 알도 계속 보호받을 수 있다.

줄납자루 알들은 노른자위의 영양분을 다 먹을 때까지 조개 안에서 머문다. 그러다가 약 4밀리미터 정도로 자라면 조개에서 빠져나와 물풀 아래에 숨어 스스로 방어하며 살아간다.

수술 없이도 가능한 물고기들의 성전환

오래전 인기 많았던 만화영화 「마징가 Z」에는 아수라 백작이라는 반은 남자, 반은 여자인 양성 인간이 등장한다. 악당인 닥터 헬이 숨진 남녀의 미라를 합쳐 만든 것인데, 이런 양성 인간은 현실에서는 찾아보기 힘들다.

생물학적으로 볼 때 성별은 성염색체에 의해 결정된다. 성염색체 유전인자가 발생 초기에 어떻게 명령을 내리느냐에 따라 남성(XY) 또는 여성(XX)이 된다. 이는 인간뿐만 아니라 다른 동물들도 마찬가지여서 대부분 성염색체 유전인자로 암수를 구분한다.

그러나 하등동물 중에는 암수가 따로 구분되지 않고 한 개체에 암컷과 수컷 기능을 모두 지닌 동물들도 있다. 편형동물인 플라나리아, 촌충, 연체동물인 달팽이 그리고 환형동물인 지렁이 모두 암수한몸이다.

암수딴몸이면 짝짓기를 할 때마다 암수가 서로 만나야 하지만, 암수한몸이면 그럴 필요 없어 번식에 유리하다. 그래서 먹이사슬 아래에 있는 하등동물들이 암수한몸인 경우가 많다.

그러나 암수한몸인 동물들도 자기 몸 안에 있는 난세포와 정세포가 만나서 수정하는 경우는 드물다. 비록 암수의 성세포를 다 갖고 있다 해도 다른 개체를 만나 서로 성세포를 주고받으며 자손을 퍼트린다. 물론 반대 성별을 찾지 않아도 되므로 번식하기 쉽다.

암수한몸인 지렁이는 머리쪽 둥근마디 3~5개가 합쳐진 환대가 크게 부풀어 오르면 다른 지렁이와 만나 생식공이 있는 몸 앞쪽을 맞대고 점액질로 둘러싸 서로 정소를 주고받는다.

짝짓기를 마친 지렁이는 수정낭에 다른 지렁이의 정소를 넣어두었다가 필요할 때 몸속에서 수정한다.

반면에 암수딴몸은 번식을 할 때 반드시 성별이 다른 배우자를 만나야 한다. 특히 거의 이동하지 않고 한곳에서 살아가는 경우라면

암컷이었다가 수컷으로 바뀐 청머리놀래기

청머리놀래기는 머리쪽이 금속 느낌의 진한 청색을 띠면 수컷이고, 몸통 전체가 노란색을 띠면 암컷이다. 청머리놀래기는 처음 태어날 때는 암컷이었다가 나중에 수컷으로 성별이 바뀌기도 한다.

짝짓기할 반대 성별이 없을 경우 번식하는 데 문제가 생길 수 있다. 그래서 이런 환경에 사는 동물들은 상황에 따라 자신의 성별을 바꾸어 번식한다.

북해에 서식하는 탑조개는 껍데기 하나에 여러 마리가 서로 포개어 살아간다. 마치 탑을 쌓듯이 조개와 조개가 사슬을 이루고 있는데, 이 조개들은 사슬 속에서 어떤 위치에 있느냐에 따라 성별이 변한다. 그래서 탑조개 껍데기 하나에는 항상 암컷과 수컷이 사슬처럼 연결되어 있다.

어떤 갯지렁이는 나이와 영양 상태에 따라 성별이 바뀐다. 어린 갯지렁이는 모두 수컷으로 태어나 차차 성장하면서 암컷이 된다. 하지만 암컷이 되었다가도 영양 상태가 나빠지면 다시 수컷으로 되돌아간다.

열대산 비늘돔과 감성돔들도 성전환을 하는 물고기들이다. 이 물고기들은 소위 수컷이 삶의 목표이다. 어린 물고기들은 자라나면서 모두 암컷이 되는데, 암컷들이 성적으로 최고 성숙 단계에 이르러야 비로소 수컷이 된다. 암컷이 수컷이 되기까지 보통 3년 정도 걸리며, 종에 따라서는 5~10년 정도 걸리기도 한다.

이보다 훨씬 빨리 성전환하는 물고기도 있다. 찬란한 빛깔을 띤 비늘돔이나 양놀래기는 성전환을 하면 더욱 화려해진다. 청머리놀래기는 새끼와 암컷은 노란색이지만 수컷 청머리놀래기의 몸통은 금속 느낌의 녹색이고 머리도 금속성의 청색이다. 청머리놀래기는 8일 만에 성전환이 가능하다.

이 물고기들은 왜 성전환을 하면서 살아갈까? 대개 이 물고기들은 알에서 깨어나면 모두 암컷들이다. 그러니 암컷들이 낳는 알이 매우 많다. 얼핏 보기에 암컷에 비해 수컷의 수가 크게 부족해 보이지만 수컷 한 마리가 만드는 정자의 수는 암컷이 낳는 알의 수보다 훨씬 많다. 그래서 성별 불균형에도 번식하는 데는 충분하다.

그래서 성전환하는 물고기들은 대부분 수컷 한 마리와 암컷 여러 마리가 일부다처제의 하렘 사회를 이룬다. 하렘에서 한 마리밖에 없는 수컷이 죽으면 암컷 한 마리가 수컷으로 성전환을 해 새로운 하렘을 이룬다. 말할 것도 없이 평생 한 번도 수컷이 되지 못하고 죽는 암컷들이 더 많다.

동물들의 성전환은 모두 외과 수술이 아닌 호르몬에 의해 이루어진다. 청머리놀래기는 무리 중에 화려한 색으로 무장한 수컷이 없으면 암컷 한 마리가 시각적으로 자극을 받아 뇌하수체에서 남성 호르몬을 나오게 하는 호르몬을 내보낸다.

호르몬에 의한 성전환은 고등동물에서도 나타난다. 앞선 하등동물과는 다르지만 유전적 성별의 특징이 호르몬에 의해 반대 성별처럼 변하기도 한다.

어미의 자궁 속에서 호르몬 거세가 일어난 수캐는 다리를 들고 오줌을 누지 못한다. 태어난 즉시 고환을 제거한 숫쥐는 나이가 든 후 암컷처럼 행동하기도 한다.

사람과 포유류들은 발생 초기에 뇌에서 암컷으로 시작한다. 이것을 '기초 자성화(basic femaleness)'라고 한다. 반대로 조류는 수컷으로 시작해서 '기초 웅성화(basic maleness)'라고 한다.

인간은 엄마 배 속에서 발생 초기에 모두 여성 호르몬의 지배를 받아 여성(XX)이었다가 점차 Y염색체에 의해 여성(XX)과 남성(XY)으로 정해지는데, 일종의 성전환인 셈이다.

반면에 조류는 발생 초기에 모두 수컷(XO; 성염색체가 하나라는 뜻)이었다가 X염색체가 하나 더 생기느냐에 따라 수컷(XO)과 암컷(XX)이 된다.

사람들 사이에 출생 전에 이루어지는 호르몬에 의한 성전환이 아닌, 출생 후에 이루어지는 성전환 문제가 여전히 논란이다. 사람들 중에는 호르몬뿐만 아니라 외과 수술로 유전적인 성별을 반대 성별로 바꾸는 사람들이 있다. 발달한 외과 수술 덕분에 신체적으로 반대 성별이 되었다 해도 생물학적으로 완전하게 성전환이 되었는가는 계속 살펴봐야 할 문제이다.

다만 성전환자를 둘러싼 오해와 비난을 담은 불편한 시선들은 달라져야 한다. 성정체성이 신체와 일치하는 대부분의 사람들과는 다르게 소수일지라도 뇌의 성정체성과 신체가 일치하지 않아 고통받는 사람들이 있다.

다른 동물들은 성전환 문제를 공생의 문제로 잘 풀어가고 있다. 소수자의 문제는 고통받는 소수자 입장을 이해하려는 노력이 우선 필요하다. 비정상이라고 낙인 찍을 것이 아니라 그들의 불편과 불이익을 살펴서 과도한 비난과 오해로 또 다른 사회 문제를 야기하지 않는지 지혜를 맞대야 할 때이다.

성공적인 유전자 전달을 위한 경쟁

우리는 날 때부터 치열한 경쟁 속에 태어났고, 계속 경쟁하며 살아간다. 남을 이기기 위한 경쟁만이 아니라, 나태하거나 도태되지 않게 어제의 나보다 성숙한 사람이 되려고 끝없이 노력한다. 학습과 경험은 성공을 위한 후천적인 DNA이다.

동물들은 난자와 정자가 만나는 순간부터 번식을 위한 치열한 경쟁을 시작한다. 수컷의 정자는 한 번 사정할 때 적게는 수천만 개에서 많게는 수억 개에 이른다. 그 수많은 정자들과 경쟁해 이긴 하나의 정자만이 암컷의 난자와 만나 수정에 성공한다. 물론 두 정자가 동시에 난자와 만나는 쌍태의 경우를 빼고 말이다.

사실 동물학에서 말하는 진정한 의미의 번식 경쟁은 암컷 생식기관에 존재하는 다른 수컷들의 정자와 경쟁하는 것을 의미한다.

어떻게 그런 일이 가능할까? 상상하기 어렵겠지만 정자가 암컷의 생식기관 내에 살아 있는 시간이 충분히 길고, 그 기간에 암컷이 다른 수컷과 교미한다면 충분히 일어날 수 있는 일이다. 많은 동물 사회에서 심심치 않게 발생하는 문제이다 보니 동물들은 정자 경쟁에서 승리하기 위해 저마다 진화학적으로 흥미로운 나름의 전략을 구사해 왔다.

정자 경쟁의 목적은 자신의 정자를 암컷의 난자와 수정시키는 일이다. 거의 모든 동물의 수컷들은 자신의 유전자를 어떻게 하면 암컷에게 성공적으로 전달하느냐에 행동을 맞추고 있다. 정자와 난자 안

서로 호감을 느끼는 남성과 여성

이성에게 매력을 느낄 때 분비되는 호르몬은 신경계를 통해 사람의 표정도 바꾸어 놓는다.
호감은 유전자 경쟁에서 앞서기 위한 좋은 신호이다.

에는 DNA가 들어 있다. 그러니 정자와 난자는 DNA 명령에 의해 호르몬을 방출하고, 호르몬은 행동으로 이어진다.

동물들 중에는 영토싸움을 하는 수컷들이 많다. 번식기에 이런 세력권을 형성하는 것도 정자 경쟁의 한 모습이다.

곤충들의 정자 경쟁은 수컷의 성공적인 생식에 중대한 영향을 미친다. 수컷 두 마리가 암컷 한 마리와 교미했을 때 일반적인 법칙에 따르면 나중에 교미한 수컷이 이득을 본다.

수컷 실잠자리의 생식기는 암컷 실잠자리의 생식기 안에 자신의 정자를 뿌릴 뿐만 아니라 이미 뿌려진 다른 정자를 퍼내도록 고안되었다.

또 어떤 곤충은 수컷의 생식기가 암컷의 정자 저장기관 안으로 들어가 이미 저장된 정자를 몰아낼 수 있도록 진화되었다.

또 다른 곤충은 심지어 이후 다른 수컷과 교미하지 못하게 암컷의 생식기관을 교미 마개로 봉인하기도 한다. 대개 교미 마개는 자신의 정자가 빠져나가지 못하게 막기 위해 사용하지만, 나비류나 물방개과의 일부 곤충류들은 자신과 교미한 암컷이 이후 다른 수컷과 다시 교미하지 못하도록 막기 위해 사용한다.

즉 경쟁 상대의 정자 침입을 막기 위해 교미 마개를 쓰는데, 유대류와 박쥐, 고슴도치, 쥐를 포함한 일부 포유류에서도 찾아볼 수 있다. 이는 마치 십자군전쟁 당시 전쟁터로 떠나는 병사들이 부인에게 채운 정조대를 연상시킨다.

먹이 자원은 정자 경쟁에 중요한 변수가 된다. 밑드리라는 곤충의 암컷은 교미 중에 가장 큰 벌레를 가져온 수컷과 교미한다. 벌레가 클수록 암컷의 식사 시간이 길어지므로 수컷은 그동안 암컷과 교미를 계속할 수 있고, 그 시간만큼 많은 알을 수정시킬 수 있다.

정자 경쟁은 가끔 짝을 맺은 쌍에서조차 질투심을 불러일으킨다. 까치는 번식기가 되면 암수가 함께 다닌다. 말하자면 암컷이 바람을 피우지 못하게 감시하는 행동으로 보인다.

물론 까치처럼 암수가 함께 다니지 않는 종들은 보복성 교미로 정자 경쟁에서 우위를 차지한다. 맹금류는 번식기여도 암수가 함께 다니지 않는다. 암컷이 외출했다가 돌아오면 수컷은 교미 횟수를 평소보다 2배 이상 높인다. 외출 중에 다른 수컷과 교미했을 개연성에 대비하여 일반적 법칙에 의해 마지막으로 자신의 정자로 수정률을 높이기 위한 방법이다.

그러나 아무리 감시하고 보복성 교미를 해도 다른 수컷의 정자를 완벽하게 막아낼 수 없다. 다시 한 번 말하지만, 모든 동물의 수컷들은 경쟁자를 물리치고 자신의 유전자를 암컷에게 성공적으로 전달하기 위해 모든 노력을 기울인다.

과학자들이 명금류 암수가 늘 함께 지내는 모습을 보고 다정한 부부처럼 보여 당연히 새끼들이 명금류 부부의 자식이라고 생각했다. 그런데 최근 유전자 지문 기술이 발달해 새끼들의 유전자를 검사해 보니, 둥지의 4~5퍼센트에서 한 배에서 낳은 새끼 중 한 마리가 아빠새의 유전자가 아니라는 사실이 드러났다.

이런 정자 경쟁은 인간도 예외는 아니다. 원시 인류 때부터 여성을 향한 남성들 간의 경쟁이 치열했다. 경쟁에 실패한 자는 죽느냐 사느냐의 문제가 아니라 후손을 얻느냐 못 얻느냐 하는 문제이기 때문에 인간의 정자 경쟁도 진화의 결과이다.

최근 들어 인간의 정자 경쟁에 빨간불이 켜지고 있다는 소식이 들려오고 있다. 환경 문제로 인해 남성들의 정자 수가 줄고 있다는 것이다. 남성의 정자 수는 지난 50년 동안 정액 1밀리리터당 1억 마리였는데, 최근에는 6천만 마리로 줄었다. 유럽과학재단 보고서에 따르면 선진국 남성들이 5명 중 1명 꼴로 정자 수가 부족해 수정이 불가능하다고 한다.

2007년 우리나라 서울 지역 남성 51명을 대상으로 정자의 운동성과 정자 수를 조사한 결과에 따르면, 정자 운동성은 48.5퍼센트로 세계보건기구(WHO) 정상 기준인 50퍼센트에 못 미쳤다. 정자 운동성은 난자까지 헤엄쳐 도달할 수 있는 건강한 정자의 비율을 뜻한다. 2001년까지만 해도 우리나라 남성들의 정자 운동성은 66~71퍼센트 수준을 유지했다.

우리나라 남성의 정자 수도 선진국 못지않게 줄고 있다. 남성의 정자 수가 감소하는 이유는 일상생활에서 반복되는 화학물질 노출과 과도한 음주, 농약에 노출된 음식물 섭취 등 다양한 환경 요인이라는 것이 전문가들의 공통된 의견이다.

국민건강보험공단이 발표한 한국인의 불임률은 2002년에 비해 2배 증가했다. 현재 젊은 부부 7~8쌍 중 1쌍 꼴로 불임이 나타난다고 한다.

지금과 같은 인구 감소 추세를 보면, 아이를 안 낳는 것이 아니라 낳고 싶어도 못 낳는 것이 현실이 아닐까 걱정된다.

2부

동물들의 사회생활

흡혈박쥐의 놀라운 이타행동

사람들이 많이 다니는 큰길가를 걷다 보면 눈에 띄는 곳에 정차된 헌혈버스를 종종 볼 수 있다. 아무도 헌혈을 강요하지 않지만 누구나 헌혈에 참여하길 바라는 간절한 기다림이다. 현재 줄기세포로 인공혈액을 만드는 연구가 진행 중이긴 해도 아직까지 혈액은 인공으로 만들 수 없어 사람들의 나눔이 절실하다.

헌혈이 누군가에게 생명 연장의 끈이라는 것을 잘 알면서도 선뜻 헌혈버스에 오르는 사람은 드물다. 그만큼 자신을 희생해 다른 사람을 돕는 이타행동을 실천하기란 쉽지 않다.

반면에 사람보다 나은 짐승이 있다. 자칫 목숨을 잃을 수 있는 동료에게 피를 나누어 주며 생명 연장을 돕는 이타행동이 몸에 밴 흡혈박쥐가 그렇다.

중남미 열대지역에 서식하는 흡혈박쥐는 소나 말 같은 포유류의 피를 먹고 산다. 낮 동안 고목에 매달려 있다가 밤이 되면 가축들을 찾아가 몰래 살갗에 작은 절개창을 내고 피를 빤다. 소설에 등장하는 드라큘라처럼 생명을 위협할 만큼 잔뜩 흡혈하는 것이 아니라 필요한 만큼만 먹는다.

경험이 많고 노련한 박쥐들은 소나 말의 어느 부위에서 피를 빨아야 하는지 잘 안다. 가축들은 흡혈박쥐가 피를 빨지 못하도록 꼬리를 휘젓는데, 어설프게 가축의 엉덩이 쪽에 앉았다가는 피 한 모금 제대로 빨지 못하고 내쫓길 수 있다.

흡혈박쥐들은 피를 빨 대상을 찾지 못하거나 들켜서 자주 배를 곯는다. 먹이 활동이 험난해서 노련하지 못한 흡혈박쥐는 열흘에 하루꼴로 굶주린다. 이틀 연속 먹지 못할 때도 많은데, 흡혈박쥐는 60시간 넘게 피를 먹지 못하면 아사 위기에 처한다. 그래서 흡혈박쥐들은 생존을 위해 서로 피를 나누며 살아간다.

흡혈박쥐들은 피를 빨고 돌아와 굶주린 동료에게 피를 토해 입속에 넣어 준다. 굶주린 동료가 가족이 아니어도 기꺼이 나눈다. 사람이 한 번 헌혈하는 양은 약 400밀리리터 정도로 몸 전체 혈액의 10퍼센트 남짓이지만, 흡혈박쥐는 자신이 먹고 온 피에서 거의 3분의 1을 토해 나눈다.

이 같은 박쥐들의 이타행동을 처음 밝힌 사람은 미국의 동물학자 제럴드 윌킨슨이다. 제럴드 윌킨슨은 남미 코스타리카에서 흡혈박쥐가 동료 박쥐에게 피를 게워내 먹이는 행동을 관찰했다.

윌킨슨 박사는 실험실에 박쥐들이 각각 들어갈 두 공간을 마련했다. 한 공간에는 피가 담긴 그릇을 두었는데, 피 속에 방사성 물질을 섞었다. 다른 공간에는 피가 담긴 그릇을 두지 않았다.

먹이가 없는 공간에 들어간 흡혈박쥐들이 굶주리는 동안 먹이가 있는 공간에 들어간 흡혈박쥐들은 충분히 식사를 즐겼다. 흡혈박쥐들이 식사를 마치자, 윌킨슨 박사는 두 공간의 문을 열어 흡혈박쥐들이 천장에서 만나게 했다.

잠시 후 천장에 매달린 흡혈박쥐들이 피를 토해 동료에게 나누는 모습이 관찰되었다. 윌킨슨 박사는 먹이가 없는 방에 있던 흡혈박쥐를 잡아 X-레이를 찍었다. 그러자 흡혈박쥐의 위 내부에서 방사성 물질이 검출되었다. 흡혈박쥐가 굶주린 동료에게 피를 토해 준다는 사실이 확인된 것이다.

피를 건네는 흡혈박쥐는 체중의 5퍼센트에 달하는 피를 토해내면 약 2시간 정도 굶주림을 느낀다. 그러나 피를 건네받은 흡혈박쥐는 같은 양으로 약 20시간 정도 굶주림에서 벗어날 수 있다. 기증자가 들이는 비용은 얼마 되지 않아도 수여자에게는 10배의 가치가 된다.

동료에게 베푸는 이타행동은 흡혈박쥐뿐만 아니라 여러 동물 사회에서 나타난다. 호주에서 큰 산불이 났을 때 웜뱃이 위험에 처한 동료들을 안전하게 이끌고 자신의 땅굴을 공유하는 이타행동을 보였다. 미어캣은 동료들을 위해 목숨을 걸고 포식자를 경계하고, 돌고래는 자신도 위험할 수 있는 상황에서 위기에 처한 동료를 구한다.

동물들의 이런 이타행동은 어떻게 선택되어 진화했을까? 다윈은 이타행동이 인간과 마찬가지로 동물 사회에서 중요하다는 것을 깨달

소의 발목에서 몰래 피를 빠는 흡혈박쥐

노련한 흡혈박쥐는 어느 부위에서 피를 빨아야 안전한지 잘 안다. 소가 꼬리를 휘둘러도 닿지 않도록 소 발목에서 살갗에 작은 절개창을 내고 조용히 피를 빨아먹는다.

았다.

다윈은 저서인 『인간의 유래와 성선택』에서 두 원시인 부족을 예를 들어 이타행동의 중요성을 이야기했다. 두 원시인 부족이 같은 지역에 살면서 경쟁하게 되었을 때 결국 성공하는 부족은 이타적인 구성원이 많은 부족이라는 것이다.

이타성은 용기와 측은지심이 바탕이다. 위험이 닥쳤을 때 동료에게 미리 경고하고 앞에서 싸울 수 있는 용기가 있다면 그렇지 않은 부족보다 더 살아남고 성공할 확률이 크다.

최근에는 사람들이 이타행동을 할 때 뇌 부위가 어떻게 활성화하는지 살펴보는 실험을 했는데, 이타적인 사람이 그렇지 않은 사람보다 학습 능력이 더 높고 의사 결정 능력 또한 우수하다는 연구 결과가 나왔다.

오스트리아 빈대학교의 심리학부와 사회·인지·정서 신경과학과, 영국 옥스포드대학교의 실험심리학과, 영국 버밍엄대학교의 뇌건강센터 공동 연구팀은 다른 사람에게 해를 끼치지 않으려는 것이 일반적인 사람들의 보편적 사고이며 행동이라고 했다. 이들은 자신이나 자신이 속한 집단만의 이익을 앞세우는 사람들보다 학습 능력과 의사 결정 능력이 훨씬 우수하다고 밝혔다. 공동 연구팀의 실험으로 사람은 '사회적 동물'이라는 것을 재확인한 셈이다.

사회생물학에서는 동물 사회나 인간 사회를 가끔 '죄수의 딜레마' 게임 이론으로 설명한다. 죄수의 딜레마 게임은 상대방에게 불리한 증거를 제시할 때 자신의 형량을 줄일 수 있다고 믿는 두 죄수에 관한 이야기이다.

두 죄수가 서로 의리를 지킨다면 두 사람 모두 유죄를 선고받겠지만, 서로 불리한 증거를 폭로한 경우보다는 형량이 적어 두 사람 모두에게 이익이다. 그러나 어느 한쪽이 배신하면 배신한 쪽이 훨씬 유리해진다. 여기에서 딜레마가 생긴다.

두 사람이 협력해 의리를 지키는 선택이 최선이지만, 자신의 이익만을 고려해 선택하면 결국 자신뿐만 아니라 상대방에게도 불리한 결과가 나오는 상황이 된다.

죄수의 딜레마 게임은 반복할수록 최선의 선택을 하게 된다. 처음에는 자신의 이익을 고려해 상대를 배신했다가, 상황을 파악한 두 사람이 서로 배신하고 나중에는 서로 협력해 최선의 이익을 얻는 선택을 한다.

죄수의 딜레마 게임 이론은 경제학에서 비롯되었지만 지금은 동물행동학에서 진화를 설명할 때 적용한다. 흡혈박쥐는 피를 건네받은 적이 있는 동료에게만 피를 토해 준다. 개코원숭이는 싸움할 때 자신을 도와 준 동료만 돕는다. 임팔라영양은 자신의 몸에 있는 기생충을 떼어 준 동료에게만 기생충을 떼어 준다.

한마디로 오는 정이 있어야 가는 정이 있는 것이다. 이런 행동은 친한 사이에서만 가능할 뿐, 다음에 만날 기회가 거의 없어 보이는 동료에게는 하지 않는다.

나는 정년 퇴임을 앞두고 황새생태연구원장직을 물러나며 그 자리에 어느 교수를 추천했다. 친한 사이는 아니었지만 안면이 있는 분이었다. 동시에 나를 특별연구원으로 총장에게 위촉해 달라고 부탁했다. 황새 복원에 좀 더 힘을 쏟고 싶어서였다. 그러나 나는 발령받지 못했다. 알고 보니 그분이 거부권을 행사했다는 것이다. 어쩌면 나는 그분에게 다음에 만날 기회가 없는 동료였던 모양이다. 죄수의 딜레마 게임을 생각한다면 최상이 아닌 최악의 결과가 나온 셈이다

흡혈박쥐가 동료에게 피를 나누는 이타행동은 신뢰가 바탕이 된다. 이번에는 내가 도움을 주지만 다음에는 내가 도움을 받을 수 있다는 것이다. 이런 협력을 '진화적 안정전략'이라고 한다. 진화적 안정전략은 자연선택의 결과이다.

다시 헌혈 이야기로 돌아가자면, 우리가 하는 헌혈은 다른 사람의 귀중한 생명을 살릴 뿐만 아니라 미래의 나를 살리는 이타행동이다. 감염병 대유행처럼 혈액이 모자라는 상황이 닥쳤을 때 무엇보다 빛나는 것이 사람들의 이타성이다.

일벌은 왜 자식을 낳지 않을까?

꿀벌은 대표적인 사회성 곤충이다. 여왕벌 한 마리를 중심으로 수많은 꿀벌들이 하나의 사회를 이루어 계급에 따라 일을 나누고 서로 도우며 생활한다.

자연에서는 꿀벌들이 큰 나무 구멍에다 육각형 방들이 있는 벌집을 짓지만, 일부는 양봉하는 사람들이 마련한 상자에 벌집을 짓고 산

알을 낳지 않고 일만 하는 꿀벌의 일벌들

일벌들은 모두 암벌인데 알을 낳지 않는다. 유전자를 50퍼센트 공유하는 자기 알을 낳아 기르는 것보다 유전자를 75퍼센트 공유하는 자매의 알을 기르는 것이 유전적으로 더 낫기 때문이다.

다. 꿀벌은 누에와 함께 인간에게 사육된 지 가장 오래된 곤충이다. 기록에 따르면 약 5000년 전부터 양봉이 시작되었다고 한다.

하나의 꿀벌 집단은 여왕벌 한 마리와 수벌 조금 그리고 다수의 일벌들로 구성된다. 많게는 꿀벌 수천 마리가 한 집단을 이룬다.

꿀벌들 가운데 가장 몸집이 큰 벌은 여왕벌이다. 몸길이가 15~20밀리미터이며 배가 길고 볼록하게 발달했다. 날개는 배에 비해 작다. 여왕벌은 유일하게 알을 낳는 암벌로서 거대한 꿀벌 사회의 번식을 책임진다.

여왕벌은 각 계급의 숫자를 스스로 조절해서 알을 낳는다. 여왕벌이 낳는 알은 대부분 암벌이며, 간혹 수정되지 않은 알에서 수벌이 태어난다. 여왕벌은 턱의 분비선에서 '여왕 물질'이라는 페로몬을 분비해 태어난 암벌들의 생식 능력을 억제하고 일벌로 만든다.

수벌은 몸길이가 15~17밀리미터이며 1년에 한 번 소수가 태어난다. 수벌들이 하는 일은 오직 여왕벌과 짝짓기하는 것이다. 수벌과 여왕벌이 짝짓기하기 위해 하늘로 날아오르는 것을 '혼인 비행'이라고 하는데, 수벌이 먼저 날아올라 여왕벌을 기다린다. 혼인 비행에 나선 여왕벌은 페로몬으로 수벌을 유인한다. 짝짓기를 마친 수벌은 이내 죽고 만다.

반면에 여왕벌은 짝짓기를 마치고 벌집으로 돌아와 평생 알을 낳는다. 여왕벌은 수벌과 짝짓기해서 얻은 정자를 저장낭에 보관했다가 1년에 수차례씩 알을 낳는다. 여왕벌의 수명은 대략 4~5년이다.

일벌들은 모두 암벌이며, 몸길이가 12~15밀리미터로 가장 작다.

태어나자마자 여왕벌에 의해 생식 능력이 억제된 채 먹이인 꽃꿀 모으기, 집짓기, 집 보수하기, 청소하기, 육아하기, 군대 등의 일을 나누어 맡는다.

1960년대 영국의 진화생물학자인 윌리엄 해밀턴은 일벌들이 자기 자식을 낳지 않고 자매인 여왕벌의 자식을 기르는 것을 유전자 선택이라고 했다.

염색체는 보통 암수에서 1쌍씩 유전자를 받기 때문에 2배수인 '2n'으로 표시한다. 인간의 염색체 또한 여자와 남자 모두 2n이다. 자식들은 부모와 유전자를 50퍼센트 공유하고, 형제자매끼리는 유전자를 50퍼센트 공유한다.

그러나 꿀벌의 경우는 달라서 여왕벌은 2n이지만 수정되지 않은 알에서 나온 수벌은 염색체가 1개인 n이다. 여왕벌이 낳은 암벌인 일벌들은 여왕벌과 유전자를 50퍼센트 공유하고, 자매들인 일벌들끼리는 75퍼센트의 유전자를 공유한다. 따라서 일벌들은 자기 새끼를 낳아 돌보는 것보다 자매인 여왕벌의 새끼를 돌보는 것이 유전적으로 더 이익이 된다. 벌과 개미 같은 사회성 곤충들의 사회 구조는 이렇게 유전자 선택에 의해 지탱되고 있다.

동물의 이타행동에는 부모가 자식을 위해 희생하는 것도 포함된다. 동물들의 양육 행동인 새끼에게 먹이를 먹인다거나 포식자로부터 새끼를 보호하는 행동 모두 이타행동이다.

꿀벌의 일벌들이 생식 능력을 희생하고 여왕벌의 자식을 기르는 것은 개체 입장에서 볼 때 이타행동이다. 그러나 유전자 입장에서는 매우 이기적이다. 영국의 동물행동학자 리처드 도킨스는 동물들의 이타행동을 '이기적 유전자'라고 설명했다.

리처드 도킨스는 1976년에 출간한 『이기적 유전자』에서 "인간을 포함한 모든 생물체는 유전자를 실어 나르는 수레에 불과하다. 우리 삶은 지금도 그 수레에 올라탄 유전자의 명령을 받아 행동하고, 다시 그 유전자는 그 개체의 수명이 다해 사라지지만 또 다른 수레에 올라타 계속 작동하고 있다."고 말했다.

이렇게 알을 낳는 일 또한 엄격하게 분업하며 생활하다가 꿀벌 사회의 구성원이 많아지면 새로운 여왕벌을 기를 준비한다. 여왕벌은 페로몬 생산이 중지되고, 일벌들은 장차 새로운 여왕을 맞이할 요람을 만든다. 여왕벌이 요람에 알을 낳으면 일벌들은 단백질이 풍부한 로열 젤리를 모아 새 여왕벌이 될 애벌레에게 먹이며 기른다.

다 자란 새 여왕벌은 새 집단을 만들기 위해 수많은 일벌들을 데리고 벌집을 떠난다. 이것을 '분봉'이라고 한다. 분봉은 꿀벌들의 수가 많아지거나 새로운 여왕벌이 태어날 때 자연스럽게 일어난다.

친구 잃은 기러기의 슬픈 울음소리

기러기는 10월 말쯤에 우리나라를 찾아와 '가을을 알리는 새'라고 부른다. 스산한 계절처럼 구슬픈 울음소리로 예부터 시나 소설 속에서 처량한 정서를 대변하는 친숙한 새이다.

기러기 종류는 전 세계에 14종이 알려져 있으며, 우리나라에서는 쇠기러기, 큰기러기 등 7종을 볼 수 있다. 시베리아 동부와 사할린섬, 알래스카 등지에서 번식하고 우리나라와 중국 북부, 일본 등지에서 겨울을 나는 대표적인 겨울철새이다.

나는 해마다 2~3월이 되면 충청북도 청주시 강내면 하늘에서 수많은 기러기 떼를 관찰했다. 기러기들은 주로 새벽에 이동했는데, 아마도 우리나라 남쪽 해안에서 겨울을 나고 시베리아로 떠나는 중이었을 것이다.

어느 날 나는 그곳에서 ∧ 대형으로 날아가는 쇠기러기 한 무리를 보았다. 약 20여 마리 정도 되는 작은 무리였는데, 날아가는 동안 계속 소리를 주고받았다. 마치 군대 제식훈련 때 앞사람이 구령을 붙이면 뒷사람이 소리를 받아 행진하듯이 말이다. 쇠기러기들은 도중에 대형이 약간 흐트러져도 ∧ 모양은 그대로 유지했다.

그렇다면 기러기들은 왜 ∧ 대형을 이루며 날아갈까? 조류학자들은 그 이유가 에너지를 절약하기 위해서라고 했다. 다른 새들와 비교하면 기러기는 몸무게에 비해 날개가 작은 편이다. 구조적으로 날개에 얹히는 무게가 클 수밖에 없어 멀리 날아가려면 되도록 힘을 아껴야 한다. 그래서 무리 지어 날아가는 대형을 효율적으로 만들었다.

기러기는 하늘을 날 때 다른 기러기 옆에 딱 붙어 날아간다. 그러면 앞에 있는 기러기가 날갯짓을 할 때 상승기류가 만들어져 뒤에 있는 기러기는 힘을 덜 들이며 날갯짓을 할 수 있다.

이를 확인하기 위해 조류학자들은 실험실에 '풍동'을 만들어 놓

무리를 지어 다니는 기러기들

기러기는 무리를 지어 살며 겨울을 나는 대표적인 겨울철새이다. 이동을 할 때는 경험이 많은 우두머리를 선두로 질서를 지킨다.

고 실험했다. 풍동은 인공으로 바람을 일으켜 기류가 물체에 미치는 작용이나 영향을 실험하는 터널형 장치를 말한다. 기러기들이 하늘을 날 때 풍동을 작동했더니 앞에서 나는 새보다 뒤에서 나는 새의 에너지 소모율이 약 15퍼센트 정도 적었다.

놀라운 점이 또 있다. 앞선 기러기가 지치면 뒤에 있던 기러기가 앞으로 나아가 자리를 바꿨다. 그리고 구령하듯 소리를 내어 서로 응원했다. 기러기들은 수시로 자리를 바꾸고 응원하면서 ∧ 대형을 유지하며 날아갔다. 물론 대형의 맨 앞은 무리 중에서 경험이 많은 기러기가 도맡아 목적지로 이끌었다.

V자를 거꾸로 했으니 바람의 저항도 적다. 그럼 ∧ 대형이 아닌 I 자 대형은 어떨까? 기러기 무리는 이동할 때 청각과 시각을 동원해 대형을 유지한다. I 대형은 소리는 들을 수 있지만 뒤에 있는 기러기의 모습은 볼 수 없다. ∧ 대형은 소리도 들을 수 있고, 고개를 돌리지 않아도 뒤를 확인할 수 있다. 사람이 두 눈으로 보는 시야 각도가 약 160도인데 반해 기러기의 시야 각도는 약 250도이기 때문이다.

먼 거리를 이동하려면 무리를 이루어 나는 것이 무엇보다 중요하다. 무리에서 이탈하거나 낙오되는 것은 죽음이나 마찬가지이다. 먹이가 있는 안전한 중간 기착 지점을 알려주는 것도, 그곳에서 먹이를 조달하는 것도, 포식자의 위험에서 벗어날 수 있는 것도 모두 무리 내에서만 가능한 일이다.

한번은 쇠기러기 한 마리가 무리에서 벗어나 혼자 청원군 창공을 날고 있었다. 쇠기러기는 연거푸 소리를 내며 하늘을 날았다. 무리 속에서 응원할 때 내던 구령에 맞춘 소리가 아니라 구슬피 우는 울음소리였다.

기러기는 짝과 잘 지내며 의좋게 날아다니기로 유명하다. 그래서 혼례식 때는 나무로 깎은 기러기를 건네고, 홀아비나 홀어미는 '짝 잃은 기러기 같다'고 말한다. 무리에서 벗어난 기러기는 홀로 남은 슬픔을 울음소리로 알리는 중이었다.

혼자 하늘을 날며 구슬피 우는 쇠기러기를 보니 옛날에 기르던 괭이갈매기들이 생각났다. 학교 실험실에서 괭이갈매기 두 마리가 부화했다. 두 괭이갈매기는 형제처럼 붙어다녔다. 매일 아침이 되면 서해안이 있는 서쪽으로 날아갔다가 저녁이 되면 연구실로 돌아왔다.

괭이갈매기들은 저녁에 돌아와 연구실 주변을 날면서 규칙적인 소리를 냈다. 그러면 나는 소리를 듣고 먹이를 챙겼다. 그렇게 수개월 동안 괭이갈매기들과 교감하며 살았는데, 어느 날 괭이갈매기 한 마리가 돌아오지 않았다.

혼자 남은 괭이갈매기는 구슬피 울며 학교 캠퍼스를 맴돌았다. 그렇게 울다 한번은 학교 현관 유리문에 비친 자신의 모습을 보고 친구가 돌아왔다고 여겨서인지 그 자리를 며칠 동안 떠나지 않고 울어댔다.

동물들의 이런 감정 표현은 오랜 진화 과정의 결과이다. 사람처럼 눈물을 흘리지는 않지만 자신의 슬픔을 소리로 알리고 있다. 무리에서 떨어진 쇠기러기나 친구를 잃은 괭이갈매기의 소리는 분명 외로운 자신의 처지를 알리는 새들의 언어이다.

회색기러기가 예의 바른 까닭

우리는 낯선 사람을 만나면 경계부터 하게 마련이다. 동물들도 마찬가지여서 자연에서 낯선 상대를 마주치면 경계부터 한다. 특히 같은 종끼리는 먹이나 서식처를 놓고 경쟁하기 때문에 더욱 경계를 늦추지 않는다.

그러나 처음 보는 상대라 할지라도 경계보다 인사를 먼저 해야 하는 경우가 있다. 짝을 찾고 새끼를 낳아 기르려면 상대에게 호감을 보여야 한다.

낯선 상대의 경계심을 없애는 가장 좋은 행동은 인사이다. 해치거나 공격할 뜻이 없다는 표현으로 먼저 불안 요소를 없애고, 친밀하게 지내자는 의미를 확실하게 드러내며 상대에게 다가가야 한다. 사람들이 처음 만나 악수하며 인사를 건네듯, 동물들도 나름대로 인사 행동을 한다.

동물들의 인사 행동은 싸움을 걸거나 도망하려는 의도를 누그러뜨리는 힘이 있다. 그 덕분에 처음 만난 상대라 할지라도 짝짓기를 하고 새끼를 낳아 돌보며 살아갈 수 있다. 동물들의 인사 행동을 잘 살펴보면 짝짓기 행동, 육아 행동, 공격 행동과 연관 있다.

갈라파고스섬에 사는 수컷 작은날개가마우지는 가정을 꾸린 후 밖에 나갔다 둥지로 돌아올 때면 선물을 준비해야 한다. 알을 품은 암컷의 마음을 사기 위해 해조류를 선물로 가져오는 것이다. 만약 암컷에게 선물을 주지 않으면 수컷은 당장 쫓겨나고 만다. 수컷의 선물 공

회색기러기들의 아빠, 콘라트 로렌츠

오스트리아의 동물학자 콘라트 로렌츠는 동물행동학의 선구자이다. 특히 조류의 행동 양식을 연구하며 많은 발견을 했다. 그중 하나가 갓 태어난 오리와 거위의 '각인' 행동이다.

세는 암컷의 공격성을 누그러뜨리는 기능을 한다.

말들은 낯선 상대를 만나 인사할 때 입을 벌리고 입술을 위로 치켜든 채 이빨을 서로 부딪친다. 이때 귀를 뒤로 젖히면 위협하는 신호이고, 귀를 위로 치켜올리면 호감을 나누는 인사 표시이다.

수컷 회색기러기는 암컷과 인사할 때 자기 주변에 있는 물체를 위협하는 행동을 한다. 먼저 머리를 세우고 주변에 있는 물체를 마구 공격한 다음 머리를 길게 앞으로 빼고 암컷에게 돌아와 꽥꽥거린다. 그러면 암컷 회색기러기는 나지막하게 소리를 내다가 곧 큰소리로 꽥꽥거리며 수컷의 인사를 받는다.

회색기러기의 이런 예의 바른 인사가 복잡해 보이기도 하는데, 사실 회색기러기가 목을 길게 빼는 모습은 싸울 때 하는 행동이고 꽥꽥 소리는 어린 새끼가 어미에게 자기 위치를 알리는 소리이다.

회색기러기는 목을 빼고 다른 물체를 공격해 상대에게는 공격할 뜻이 없다는 것을 알리고, 어린 새끼가 어미를 찾는 애절한 소리를 더해 호감을 드러내는 인사 행동을 하는 것이다.

인간들의 인사는 회색기러기처럼 복잡하지 않다. 물론 각 나라의 문화에 따라 인사법이 조금씩 다르지만, 근본적으로는 동물들의 인사 행동과 비슷하다.

미소는 인간의 선천적인 인사 행동 중 하나이다. 갓난아기는 웃는 법을 배운 적이 없는데도 곧잘 웃는다. 시각이나 청각을 잃은 어린 아이도 웃는 모습은 똑같다. 인간들의 인사는 동물들과 같이 본능적인 행동에서 출발한 것이다.

악수는 손에 무기가 없다는 것을 보여주며 불안 요소를 없애는 인사 행동이다. 머리를 숙이는 인사는 상대에게 겸손함을 표현하는 행동으로, 상대의 공격성을 누그러뜨리는 효과가 있다.

우리가 친구집을 방문할 때 선물을 가져가는 것은 작은날개가마우지가 자기 짝에게 해조류를 선물하는 것과 비교할 수 있다.

동물행동학의 아버지 로렌츠가 들려준 이야기

콘라트 로렌츠는 현대 동물행동학의 아버지이다. 내가 독일에서 유학하던 시절, 그는 만 86세의 나이로 세상을 떠났다. 원래 그는 아버지의 권유에 따라 의학을 전공했다. 그러나 마음속엔 늘 집에서 동물을 기르던 추억을 떠올리며 동물행동에 관심을 기울였다. 이후 그는 동물학 박사학위를 받았고 알베르투스대학교 일반심리학과 교수가 되었으며, 막스플랑크 행동생리학연구소 소장을 지내면서 활발하게 동물행동 연구를 이어갔다.

동물행동학은 심리학, 특히 비교심리학과 밀접한 관련이 있다. 로렌츠는 동물의 정상적인 발달 과정, 특히 중요한 시기에 겪는 특정 경험들의 중요성에 대해 연구했다. 노벨상을 받은 로렌츠와 다른 동물행동학 선구자들의 연구와 찬사를 보내며 나 역시 후학자로서 그들의 영향을 받아 학문을 이어갈 수 있었다.

로렌츠는 개를 기르며 알게 된 재미난 이야기를 들려주었다. 로

물속에서 로렌츠에게 다가가는 회색기러기들

로렌츠는 각인된 조류들이 키가 작은 아이를 따를 때 더 가까이 다가간다고 생각했다. 그래서 물속에 들어가 키를 낮추었더니 회색기러기들이 가까이 다가왔다.

렌츠는 불리라는 작은 개를 키웠다. 생목 울타리를 사이에 두고 옆집은 흰 스피츠종의 개를 키웠다. 이웃인 두 개는 약 30미터 정도 늘어선 생목 울타리를 사이에 두고 날마다 엄청난 분노를 담아 위협하고 욕을 했다.

그러던 어느 날이었다. 그날은 망가진 울타리 한쪽을 고치는 날이었다. 로렌츠는 평소처럼 불리와 산책을 마치고 집으로 돌아오는 중이었다. 옆집 스피츠는 이미 먼 곳에서 불리를 발견하고 으르렁대면서 흥분 상태로 기다리고 있었다.

울타리가 시작되는 곳에서 두 개는 여느 때처럼 맞붙어 상투적인 욕싸움을 시작했다. 그런데 시끄럽게 짖으며 달리던 두 개는 어느 지점에서 갑자기 조용해졌다. 대신 털을 곤두세우고 이빨을 드러냈다.

그 지점은 두 개가 항상 새로운 욕싸움을 시작하던 곳이었는데, 이번에는 수리하느라 울타리 일부가 없어졌다. 뒤늦게 울타리가 없어진 것을 발견한 두 개는 갈등 상황 즉, 공격과 도피가 뒤섞인 상황에 놓인 것이다.

두 개는 잠시 노려보다가 약속이나 한 듯이 몸을 돌린 다음 아직 울타리가 남은 쪽으로 옮겨 가 다시 분노에 찬 목소리로 시끄럽게 짖어댔다.

이 울타리는 창살에 비유할 수 있다. 울타리와 창살은 안전 거리 역할을 한다. 몸집이 큰 포유류는 자기보다 힘센 적과 마주쳤을 때 적이 일정 거리 안으로 접근해 오면 곧바로 도망친다. 이 거리를 '도주 거리'라고 한다. 도주 거리의 크기는 그 동물이 적을 얼마나 무서워하느냐에 따라 결정된다.

도주 거리 내로 적이 들어왔을 때 동물들이 도망가는 양상은 규칙적이다. 그리고 적을 두려워하며 도망가다가도 적이 지나치게 가까이 다가오면 오히려 그 적을 공격하는 것도 규칙적이다. 도망을 포기한 이 짧은 거리를 '위기 거리'라고 한다. 우리 속담에 '궁지에 몰린 쥐가 고양이를 문다'는 말이 바로 이런 상황을 두고 하는 말이다.

그런데 같은 동물종인데도 나라마다 도주 거리가 다르다. 청둥오리, 기러기, 고니는 유럽에서도 서식한다. 그곳에서는 새들이 사람을 피하지 않는다. 사람이 애완용으로 기르는 것일까 착각할 만큼 사람들이 가까이 가도 도망가지 않는다.

그러나 우리나라에서는 청둥오리, 기러기, 고니를 보기 위해 100미터 접근하는 것조차 매우 어렵다. 무리 생활을 하는 이 새들은 사람이 100여 미터쯤에서 다가오는 기미가 보이면 무리 외곽부터 날아오르기 시작한다.

이것은 사람이 위협적이라는 것을 아는 행동이다. 아마도 예전에 우리나라에서 야생 새들을 사냥하던 습관이 있었기 때문일 것이다. 나라마다 동물들의 도주 거리가 다른 이유는 그 나라의 습성이나 문화와 무관하지 않아 보인다.

로렌츠는 개의 표정을 분석해 다음 그림과 같은 아홉 가지 유형을 제시했다. 이 그림에서 개의 공격성은 오른쪽으로 갈수록 커지며, 두려움은 아래로 갈수록 커진다.

1번 개는 상당히 침착한 표정이다. 주인이 가져오는 음식을 곁눈

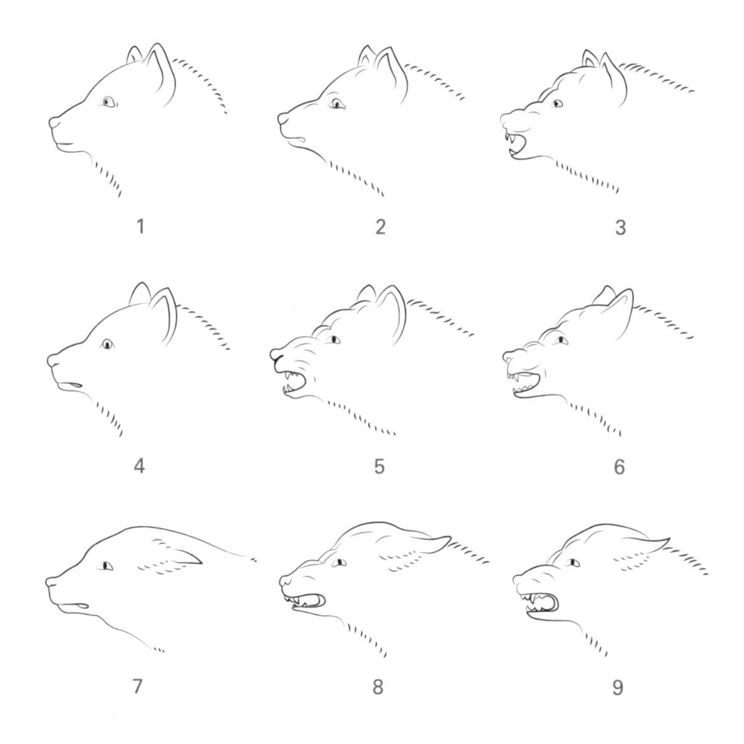

개가 연출하는 아홉 가지 표정

질할 때와 비슷한 가벼운 긴장이 담겨 있다.

2번 개는 자기와 똑같이 힘이 세고 의젓한, 그러나 약간 두려운 경쟁 상대를 마주보는 표정이다. 이때는 상대 개도 비슷한 처지여서 선부른 행동을 하지 못한다. 두 개는 몇 분 정도 대치하다 천천히 체면을 살리면서 멀리 떨어져 도주 거리로 동시에 도망칠 것이다.

그에 비해 3번 개는 상대를 훨씬 덜 두려워하는 표정이다. 만약 상대 개가 자신 없는 행동을 보일 경우 가차없이 소란스런 싸움을 벌인다.

가운데 5번 개는 분노와 두려움이 거의 반반씩 섞인 표정이다. 이것은 동물들의 갈등 상황을 가장 명확하게 드러낸다. 동물들은 갈등 상황이 되면 공격하려는 충동과 도망가려는 충동 사이에 놓이게 됨을 의미한다.

동물들은 아주 작은 두려움을 느낄 때라도, 그 두려움 때문에 자신의 공격성이 억제당하면 위협적인 행동으로 공격성을 표출한다. 이른바 '위협 행동'은 공격성과 두려움이 함께 공존하는 감정 공존 상태에서 일어난다.

이런 위협 행동은 사람들에게도 종종 나타난다. 자동차 접촉 사고로 멱살을 움켜잡고 위협적으로 행동하는 두 사람의 표정에서 이 감정 공존의 갈등 상황을 엿볼 수 있다.

9번 개는 최고의 두려움과 분노가 결합된 상태이다. 이른바 증오하거나 아주 두려워하는 적을 가까이에서 만났는데, 어떤 이유에서 도망갈 수 없는 상황이다. 이런 경우에는 상대방이 아무리 힘이 세다 할지라도 일단 한발짝 다가가면 결사적인 공격이 일어난다.

인간이 늑대의 우두머리가 되다

자연과학자나 사육사가 아닌데도 동물원에서 갓 태어난 새끼 늑대들을 자식처럼 기른 사람이 있다. 전직 독일 공수부대원인 베르너 프로인트는 1972년에 자신만의 늑대보호구역을 설립했다. 지난 40여 년 동안 프로인트가 사육한 늑대들은 현재 70여 마리로 늘어났다.

그는 늑대 무리의 우두머리로 인정받기 위해 직접 입으로 먹이를 물어뜯어 늑대들에게 주는가 하면, 네 발로 엎드려 행동했다. 늑대 우리 안에서 울부짖어 늑대들을 불러들이기도 했다. 지금은 독일 메어치히에서 늑대보호구역인 베르너프로인트늑대공원을 운영하고 있다.

야생 늑대는 어떻게 인간과 가장 가까운 애완동물인 개로 진화했을까? 프로인트는 동물원에서 사육 중인 새끼 늑대 7마리를 받아 실험을 시작했다.

새끼 늑대들은 눈도 뜨지 못했으며, 어미 젖을 먹어야 할 나이였다. 이 시기의 늑대를 어미로부터 격리해 사람이 직접 키우는 일은 거의 실패할 만큼 매우 어렵다. 그러나 프로인트는 늑대 식구의 어미가 되었다.

프로인트는 아직 눈도 뜨지 못한 새끼들을 가슴에 품고 받아온 어미 늑대의 초유를 먹이는 것부터 시작했다. 잠도 늑대 우리에서 함께 잤다.

여기서 눈여겨볼 점은 개과 동물들의 후각이다. 개과 동물들은 시각보다 후각이 더 예민해 생후 초기에 어미 냄새를 각인시키면 그 냄새를 평생 제 어미로 따른다. 만약 프로인트가 어미 젖을 뗀 새끼들을 키웠다면 이 늑대 무리의 우두머리가 될 수 없을 것이다.

프로인트는 후각 각인을 위해 새끼 늑대들을 처음 품에 안고 젖을 먹였던 옷만 입었다. 그리고 새끼 늑대들이 이유기가 되자 그는 뼈

늑대와 함께 포효하는 베르너 프로인트

늑대는 어떻게 인간과 가장 가까운 애완동물로 진화했을까?
원시 인류 중 누군가 프로인트처럼 야생 늑대의 우두머리가 되어 길들이지 않았을까 싶다.

까지 있는 양과 돼지의 생고기를 가져다 늑대 무리들과 함께 고기를 물어뜯으며 식사했다.

어느덧 새끼 늑대들이 스스로 사냥을 나갈 때가 되었다. 프로인드트가 외출에서 돌아오면 이 늑대 무리들은 프로인트에게 달려와 그 큰 몸을 일으켜 그의 얼굴을 핥았다. 늑대들이 사람의 얼굴을 핥는 행동은 존경심을 나타내는 표현이다. 늑대들은 프로인트가 자신과 같은 무리인지 시각으로 판단하지 않았다. 태어나서부터 각인된 후각으로 자신들의 우두머리로 여긴 것이다.

야외로 사냥을 나갈 때, 늑대 무리는 전형적인 텃세 행동을 했다. 프로인트는 밤에도 늑대들과 함께했다. 프로인트가 먼저 포효하면 늑대 무리는 서열이 높은 형제를 필두로 차례로 포효하기 시작했다. 사냥을 해도 우두머리인 프로인트가 먼저 먹기 전에는 절대 사냥감에 입을 대지 않았다.

우두머리에 대한 복종과 충성심은 늑대들의 사회를 지탱하는 원동력이다. 우리가 기르는 개는 원시 인류와 야생 늑대가 프로인트와 같은 과정으로 가까워지면서 결국 오늘날의 인위적인 선택으로 수많은 품종으로 탄생하게 되었다.

늑대들의 식사 규칙

늑대는 개과에 속하는 동물로, 인간을 제외하면 지난날 지구상에서 가장 널리 분포했던 포유류이다. 현재 늑대는 전 세계에 2종이 있다. 우리나라를 비롯한 아시아와 북아메리카, 유럽 등지에는 몸색깔이 회색인 늑대가 살고, 미국 남동부에는 몸색깔이 적갈색이나 황갈색을 띠는 붉은늑대가 산다. 늑대들은 무리를 지어 살며 가족의 강한 결속과 엄격한 위계 질서로 환경 적응력이 매우 뛰어나다.

늑대 가족의 중심은 암수 한 쌍으로, 대개 평생 함께 산다. 이 부부 한쌍이 가족 중 서열이 가장 높다는 것은 꼬리를 보면 금세 알 수 있다. 가족의 우두머리는 꼬리가 위로 치켜 올라가 있고, 서열이 낮은 늑대들은 그렇게 높이 꼬리를 치켜들지 않기 때문이다.

늑대는 보통 수컷은 생후 3년, 암컷은 생후 2년이면 짝짓기를 할 수 있다. 1년 중 2월 중순은 암컷들이 2~3일 정도 발정기여서 이때 짝짓기가 이루어진다.

짝짓기를 마친 암컷 늑대는 60일 동안 임신 기간을 거쳐 굴 속에 새끼를 3~8마리 낳는다. 새끼는 눈도 뜨지 못한 채 태어나는데, 대략 생후 1개월이 지나면 굴 밖으로 얼굴을 내밀고 나오려 한다.

새끼 늑대들은 굴 밖으로 나오기 전까지 어미 늑대 말고는 다른 가족을 만날 수 없다. 어미 늑대는 그때까지 새끼들에게 젖을 먹이며 다른 가족들이 절대 접근하지 못하게 막는다.

어느 정도 자라서 굴 밖으로 나온 새끼 늑대들은 그제야 다른 가족들과 어울리며 놀이 행동을 시작한다. 이 놀이 행동은 가족의 결속을 강화시킬 뿐만 아니라, 새끼들이 장차 협동으로 이루어지는 먹이 사냥에 참여하도록 해 준다.

새끼 늑대는 태어난 지 3개월 정도 되면 사냥을 도울 수 있다. 그러면 늑대 가족은 새끼를 낳아 기르던 굴을 버리고 여름 사냥터로 떠날 채비를 한다. 이때쯤이면 늑대 가족은 20여 마리쯤으로 늘어나 대가족이 된다.

늑대 가족은 이동하다 다른 늑대 무리를 만날 수 있다. 서로 다른 늑대 무리들이 마주치면 처절한 싸움이 벌어진다. 그러나 가족 단위의 늑대 무리들은 오줌 냄새로 자기 영토를 표시하고 다니기 때문에 서로 마주치는 일은 매우 드물다.

그렇지만 냄새 표시만으로 다른 늑대 무리와 마주치는 위험을 완전히 피할 수는 없다. 냄새 표시는 이웃 무리가 어디에 있었으며 언제쯤 지나갔는지를 알려줄 뿐, 지금 어디에 있는지에 대해서는 아무런 단서가 되지 못한다. 이럴 때 이웃한 늑대 무리끼리 서로 위치를 확인할 수 있는 방법이 울부짖음이다.

늑대가 울부짖을 때는 가족 전원이 합창에 참여해 대략 10킬로미터까지 전달된다. 그러면 순식간에 자신들의 위치를 다른 늑대 무리에게 알릴 수 있다.

다른 늑대 무리의 울부짖음이 가깝게 들린다면 늑대 가족은 응답할지 침묵할지 선택해야 한다. 만약 그 소리에 응답해 울부짖었다가는 자칫 공격을 유인할 수 있다. 그래서 늑대들은 다른 늑대 무리의 울부짖음을 들으면 항상 응답할 것인가 아니면 응답하지 않을 것인가 망설인다.

상대 무리를 만나고 싶지 않다면 침묵한 채 장소를 옮긴다. 도망가는 동안에 늑대 가족이 남기는 냄새 표시로 우연한 만남을 막을 수 있다.

그러나 어린 새끼들을 보호하고 먹이를 찾는 데 중요한 장소라 떠날 수 없다면 위험을 각오하고 응답한다. 일종의 전쟁 선포이다.

늑대 가족은 항상 먹이를 함께 나누어 먹는다. 아무리 배가 고파도 가족이 모두 한자리에 모인 뒤 식사하는데, 만약 누군가 늦게 도착하면 크게 분노해서 그 동료를 위협하거나 거칠게 공격한다.

먹이를 먹을 때의 서열이 꼭 사회 서열과 일치하는 것은 아니다. 누가 더 굶주렸느냐에 따라 공격력이 달라져서 더 많이 굶주린 늑대가 배부른 늑대를 몰아낼 수 있다.

처음부터 식사자리에 무리들과 함께 있었다면 별다른 저지 없이 먹이에 가까이 다가가 식사할 수 있다. 그러나 무리에 뒤처졌다 늦게 합류하면 다른 늑대들이 이빨을 드러내고 으르렁거린다.

그래도 위험을 무릅쓰고 일단 한자리를 차지하면 그제야 허락받고 식사에 참여할 수 있다. 이러한 식사 규칙 때문에 늑대 가족 중 어느 누구도 배곯는 일은 없다.

그러나 예외는 있게 마련이다. 가끔 먹이가 부족할 때 먹이 경쟁에서 밀려나는 늑대가 생긴다. 굶주린 서열대로 먹이를 먹다 보면 서열이 낮은 늑대는 번번이 배를 채울 수 없다. 제대로 식사를 하지 못한 늑대는 점점 몸집이 작아지고 허약해져 결국 늑대 무리에서 낙오하게 된다.

이렇게 무리에서 낙오되어 혼자 방랑하는 늑대는 늑대 무리들의

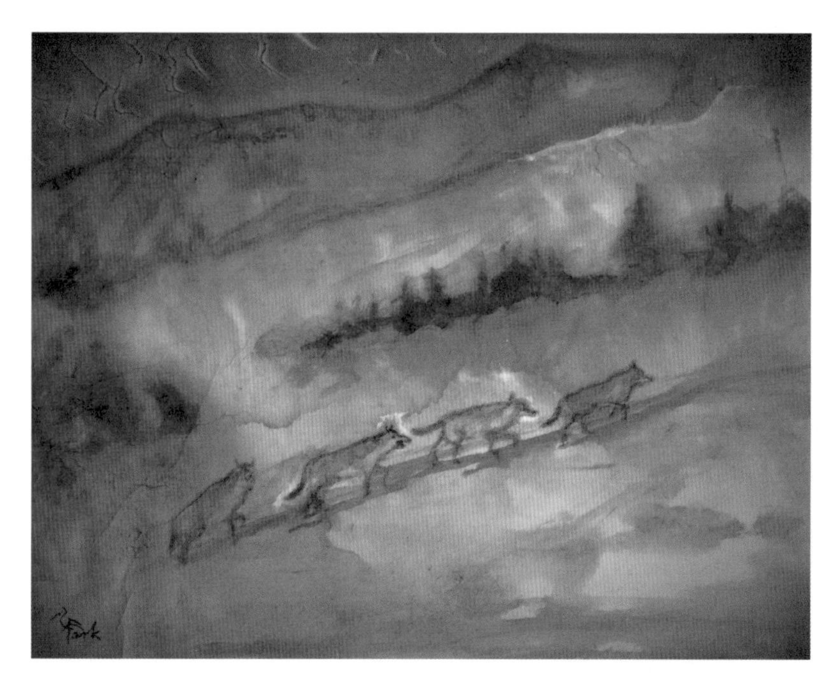

서열이 엄격한 늑대 가족

늑대의 우두머리는 자신들의 영역을 지키며 어린 새끼들을 보호한다. 나머지 늑대들은 복종과 존경심으로 우두머리를 따르며 평화를 이어간다

세력권 가장자리에서 살아갈 수밖에 없다. 더 이상 울부짖음과 냄새로 자기 영토를 표시할 수 없어 무리가 남긴 먹이만으로 겨우 생명을 이어갈 뿐이다.

바이러스는 동물 개체수 조절자

바이러스와 세균은 늘 인류 역사의 위협이 되고 있다. 인류 최초의 감염병이라는 천연두는 멕시코 아즈텍 제국과 페루 잉카 제국을 무너뜨렸고, 14세기 유럽은 흑사병으로 유럽 전체 인구의 30~40퍼센트를 잃었다. 20세기 최악의 감염병인 1918년 스페인 독감은 전 세계에서 5000만 명 넘게 사망했는데, 우리나라에서도 당시 인구의 절반 가량이 감염되어 14만 명이 목숨을 잃었다.

물론 과학과 의학의 발달로 지금은 천연두나 흑사병 같은 감염병은 줄어들었지만 변이된 바이러스들은 여전히 새로운 감염병을 만들며 인류를 공포에 떨게 만든다.

동물 세계도 마찬가지로 바이러스의 위협에서 자유로울 수 없다. 다만 사람은 감염병이 유행할 때마다 치료제를 개발해 치사율을 줄이는데 동물들은 그럴 수 없어 어린 개체나 나이든 개체들이 먼저 감염병으로 사라진다. 아마도 감염병은 동물종의 개체수가 폭발적으로 늘어나는 것을 조절해 주는 중요한 조절자인지도 모른다.

전 세계 동물들은 개체수 과잉을 스스로 억제하며 살아왔다. 자연은 거의 모든 동물들의 어린 새끼들이 생존 위협을 받는 환경임에도 불구하고 개체수가 잘 유지되는 것만 봐도 알 수 있다.

출산이 임박한 암컷 영양은 그동안 함께 지냈던 무리를 떠나 맹수들이 발견하기 어려운 숲속 은신처를 찾아간다. 그런 다음 출산까지 약 30분 정도 걸린다. 어미 영양은 냄새로 자기 새끼가 태어난 것을 알게 된다.

갓 태어난 새끼 영양은 쓰러질 듯한 몸짓을 하다 곧 네 다리로 혼자 선다. 네 다리로 선다는 것은 초식동물들에게 아주 중요한 의미이다. 포식자를 피해 스스로 가능한 한 빨리 뛰어야 하기 때문이다.

새끼 영양이 혼자서 뛸 수 있고 자기 어미의 소리와 냄새를 충분히 구별할 수 있으면 어미 영양은 새끼를 데리고 원래의 무리로 되돌아가기 위해 은신처를 나선다.

이때가 가장 위험한 순간이다. 자칼이 그들을 기다리고 있다가 순식간에 무방비 상태인 새끼 영양을 덮친다. 어미 영양은 새끼를 도울 어떠한 방법도 없다. 새로 태어난 영양의 절반 정도가 이런 식으로 태어난 첫 날에 죽고 말아 개체수가 필요 이상 늘어나지 않는다.

맹수의 새끼도 다를 바 없다. 암컷 사자는 석 달 반 동안 임신 기간을 거쳐 새끼를 2~4마리 낳는다. 새끼 사자들은 크기가 작고 힘도 없다. 어미 사자는 새끼가 태어나고 6주 동안은 혼자 사냥을 나선다. 덤불 속에 남겨진 새끼 사자들은 다른 맹수에게 잡히거나 병에 걸려 생명의 위협을 받는다. 게다가 어미 사자의 먹이사냥이 충분하지 못하면 새끼의 절반이 굶어죽는다.

암컷 침팬지는 가임 기간 동안 약 4년에 한 마리씩 새끼를 낳는다. 만약 새끼가 일찍 죽으면 임신을 앞당긴다. 새끼 침팬지들은 약 3분의 1이 생후 1년 이내에 죽는다. 그 후에는 사망률이 극히 낮아져 40~50살까지 살 수 있다.

그런데 이렇게 적절하게 개체수가 유지되다가도 천적이 사라지거나 다른 이유로 개체수가 폭발적으로 늘어나면 감염병이 억제기작으로 작용해 다시 개체수가 유지된다. 아프리카 초원에 사는 영양 무리도 스스로 개체수 조절을 상실했을 때 감염병이 돌아 무리의 수가 조절된다.

감염병의 원인균은 대개 바이러스 또는 세균이다. 감염병은 인간이나 동물 개체 입장에서는 해롭지만, 한정된 지구에서 살아가는 전체 개체군의 수를 적절히 조절한다는 면에서는 매우 긍정적이다.

겨울철 우리나라를 찾는 겨울철새 무리들도 조류인플루엔자로 인해 개체수가 늘 조절되고 있다. 감염병으로 죽은 가창오리떼를 살펴보면 대부분 어리거나 나이든 새들이다.

50여 년 전만 해도 농가에서 닭들을 10여 마리 정도 기르는 게 고작이었다. 지금은 암탉이 병아리를 데리고 다니는 장면을 보기 힘들다. 거의 아파트 같은 닭장에서 대량 사육하고 있기 때문이다.

최근에 자주 발생하는 조류 인플루엔자 확산은 이런 과잉 번식의 결과라 해도 과언이 아니다. 우선 대량 사육으로 인해 닭이나 오리들의 유전자 다양성이 줄고 있다. 유전자 다양성이 줄어들면 전염병에 더욱 취약하게 마련이다.

새끼를 가슴에 안은 채 거꾸로 매달린 관박쥐

관박쥐는 우리나라 깊은 산속 동굴이나 폐광굴에서 서식하는 종이다. 놀라운 면역체계와 환경 적응으로 여러 바이러스를 몸에 지닌 채 살아가 '바이러스의 저장소'라고 불린다.

미국의 과학자들은 2020년부터 전 세계를 감염병 대유행으로 빠뜨린 COVID-19 바이러스의 숙주가 관박쥐일 가능성이 높다고 학술지 『네이처 미생물학』에 발표했다.

조류 인플루엔자는 사람에게 옮기지 않는데, 왜 박쥐가 숙주인 COVID-19 바이러스는 사람에게 옮겨져 병을 일으킬까?

박쥐류는 포유류 중 사람들이 속한 영장류와 진화학적으로 가장 가깝다. 늑대나 멧돼지보다 가깝다. 문제는 바이러스도 진화한다는 것이다. 항체가 생기면 바이러스도 변이를 거듭한다. 진화학자들은 이것을 '공진화(共進化)'라고 부른다.

동물과 바이러스는 서로 군비 경쟁을 하듯 공진화를 거듭해 왔다. 두 강대국이 다투면서 한 나라가 미사일을 개발하면 다른 나라는 미사일을 미사일로 요격하는 미사일 방어체계를 개발한다. 이처럼 바이러스는 사람들이 개발한 백신이나 치료제에 맞서 새로운 변종을 탄생시킬 것이다. 그렇다고 변이 바이러스에 지나치게 두려워할 필요는 없다. 인간과 바이러스는 공진화를 이어갈 뿐이다.

언제나 인간을 가장 위협하는 존재는 인간 자신이다. 인간의 탐욕이 치명적인 바이러스를 자신의 몸속으로 불러들이고 있다. 무분별하게 환경을 오염시키고 생태계를 파괴하며 야생동물들의 서식지를 빼앗고 심지어 식재료로 삼으면서 여러 감염병을 일으켰다.

자연재해인 홍수가 역설적이게도 비옥한 땅을 만들듯이 바이러스로 인한 감염병 대유행은 방역과 의학 발전을 이끌었다. 오염된 물로 발생한 콜레라는 상하수도 시스템을 정비하는 계기가 되었으며,

스페인 독감은 예방 접종의 중요성을 일깨웠다.

COVID-19 대유행으로 사람들이 집 밖을 나오지 않게 되면서 환경이 회복되고 있다는 소식도 들리고 있다. 이번 감염병 대유행을 통해 애꿎은 박쥐를 탓할 것이 아니라 우리가 훼손한 환경과 생태계에 대해 살펴봐야 하지 않을까.

알 속에서부터 배운다

앞서서 나는 '코끼리거북을 향한 공작새의 짝사랑'과 '회색기러기가 예의 바른 까닭'에서 각인 행동에 대해 이야기했다. 공작새가 태어나 처음 본 코끼리거북에게 애정을 느끼는 현상은 '성적 각인'이라고 하고, 회색기러기가 태어나 처음 본 콘라트 로렌츠를 어미로 여겨 쫓아다니는 현상은 '추종 각인'이라고 한다.

그렇다면 왜 동물들에게 각인과 같은 초기 학습이 중요할까? 동물들은 초기 학습으로 의사소통을 배운다. 그리고 어미뿐만 아니라 형제, 동료 또는 이성을 인지하는 법을 배운다. 만약 공작새에게 정상적인 초기 학습이 이루어졌다면 종이 다른 코끼리거북를 사랑하는 비극적인 사랑은 없었을 것이다.

갓 태어나자마자 걸어다니는 조류나 포유류는 초기 학습으로 어미와 강한 유대감을 만든다. 어린 새끼들은 어미를 따라다니면서 보호를 받고 먹이를 받아먹으며 학습한다.

빨간 장화를 쫓아다니는 오리떼

새끼 오리들이 부화하자 나는 딸아이의 빨간 장화를 보여주었다. 새끼 오리들은 딸아이의 빨간 장화를 어미로 알고 장화를 신은 딸아이를 따라다녔다.

알에서 깨자마자 새끼 오리는 처음 본 움직이는 물체를 어미로 알고 평생 따라다닌다. 자연에서 처음 보는 물체는 대부분 낳아 준 어미이므로 정상적인 추종 각인이 일어난다.

수천 마리씩 무리 지어 사는 바닷새들은 생김새가 무척 비슷한데도 어미와 새끼가 서로 알아본다. 새끼 바닷새들은 이미 알 속에서부터 부모의 소리에 각인되었기 때문이다.

어미 검은머리갈매기가 둥지로 돌아와 주변을 날면서 소리를 내면, 알에서 갓 깬 새끼들은 그 소리를 듣고 몸을 일으켜 세워 어미 검은머리갈매기에게 반응한다. 그러나 어미가 다른 새끼 검은머리갈매기들은 그 소리에 전혀 반응하지 않는다.

새끼 검은머리갈매기들이 알에서 깨자마자 어미가 내는 소리에 반응할 수 있는 것은 이미 알 속에서 어미의 목소리를 학습했기 때문이다.

반면에 제비나 까치 같은 새들은 알에서 깨자마자 곧바로 걷지 못한다. 곧바로 어미를 쫓아다닐 필요 없이 둥지 안에서 어미가 가져다 주는 먹이를 받아먹기만 하면 된다.

제비나 까치 같은 새들은 '만숙성 조류'이다. 만숙성 조류는 눈을 감고 태어나고 털도 거의 없다. 이 새들은 알에서 깨자마자 어미의 도움이 절대적으로 필요하다. 갓 태어나 고개도 가누지 못하고 만 하루가 지나야 눈을 뜨는데, 어미가 먹이를 물고 둥지에 도착하면 어미의 부리를 향해 고개를 쳐든다.

오리나 기러기 같은 새들은 '조숙성 조류'이다. 조숙성 조류는 알에서 깨자마자 눈을 뜨고 깃털로 덮여 있다. 깃털의 물기만 마르면 홀로 일어설 수도 있다. 성장 초기에 각인 현상이 일어나는 이유도 여기에 있다.

어미의 도움을 받으려면 일찍이 주변에 움직이는 사물에 반응하는 학습, 즉 추종 각인이 필요하다. 오리나 기러기들의 추종 각인이 잘 이루어지는 민감기는 생후 12~17시간이다.

그럼 인간은 어떨까? 태아가 엄마 배 속에 있을 때부터 학습이 이루어질까? 아니면 생후 어느 시기에 학습이 잘 이루어지는 민감기가 있을까? 포유류는 조류에 비해 실험이 그리 간단하지 않아서 확인하기 쉽지 않다. 그러나 태교나 영아 학습이 중요하다는 사실은 부인할 수 없다.

우리나라에서는 예부터 임신 중에 태아에게 좋은 영향을 주기 위해 말과 행동을 조심하며 교육 활동을 하는 태교를 중요하게 여겼다.

태교의 중요성은 서양에서도 과학으로 입증되었다. 부모로부터 받은 유전자 정보로 태아의 모든 것이 결정되지만, 배 속 환경에 따라 유전자의 발현 여부가 결정된다는 '태아기 프로그래밍'에 대한 의견도 있다.

인간은 태어나서 만 0세부터 3세까지 첫 3년 동안 이루어지는 신체와 정서, 인지, 사회성, 언어, 창의성 발달이 평생을 좌우할 만큼 중요하다. 그래서 우리 속담에 '세 살 버릇 여든까지 간다'는 말이 있지 않은가.

세가락갈매기는 제 새끼도 모른다

재갈매기는 우리나라에서 흔히 볼 수 있는 겨울철새로, 바닷가에서 무리 지어 번식한다.

어미 재갈매기는 새끼들이 태어나면 며칠 동안 오직 자기 새끼들만 돌본다. 무리 속의 다른 어미 재갈매기들이 낳은 수많은 새끼 재갈매기들에게는 무관심하거나 심지어 적의를 보인다.

이처럼 대부분의 갈매기과 새들은 알에서 갓 깨어난 자기 새끼들을 집중적으로 학습해 다른 새끼 갈매기들과 명확하게 구별하며 돌본다. 물론 모든 갈매기과 새들이 그러한 것은 아니다.

세가락갈매기는 우리나라 휴전선 부근 동해안에서 겨울을 보내고 이듬해 번식지로 떠난다. 날개 끝과 다리가 검은 갈색이고, 뒷발가락은 흔적만 남아 다른 갈매기들과 쉽게 구분된다. 그리고 먹이 활동과 서식지 또한 여느 갈매기과 새들과는 달리 특이한 습성이 있다.

재갈매기나 괭이갈매기는 날개를 완만하게 퍼덕이며 거의 직선으로 날아 먹이를 찾는데, 세가락갈매기는 주로 수직으로 하강하며 날아 물고기를 잡아먹고 산다.

서식지 또한 차이가 있다. 재갈매기는 넓은 모래밭이나 연안의 평평한 섬에 둥지를 짓고 산다. 반면에 세가락갈매기는 가파른 절벽의 툭 튀어나온 바위에 둥지를 짓고 산다.

여러모로 다른 갈매기과 새들과 다른 점이 많은 세가락갈매기는 놀랍게도 자기 새끼를 구별하지 못한다.

새끼를 돌보는 세가락갈매기

여느 갈매기과 새들은 어미가 소리를 익혀 자기 새끼를 구별하지만, 번식 환경이 다른 세가락갈매기는 초기 학습을 할 필요가 없다. 둥지에 다른 새끼 세가락갈매기를 넣어도 자기 새끼와 구별하지 못한다.

한번은 세가락갈매기 둥지에서 새끼 한 마리를 꺼내 다른 둥지의 새끼와 바꾸었다. 그런데 어미 세가락갈매기는 새끼가 바뀐 줄도 몰랐다. 어떻게 어미가 자기 새끼를 구별하지 못하는 것일까? 여기서 잠깐 그 이유를 알아보기 위해 이들의 번식 환경을 좀더 면밀히 살펴볼 필요가 있다.

세가락갈매기나 다른 갈매기과 새들은 모두 집단으로 번식하는 것은 마찬가지이지만, 알을 낳는 환경은 다르다.

다른 갈매기과 새들은 평평하거나 살짝 경사진 곳에서 무리 지어 알을 낳고 새끼를 돌본다. 그러다 보니 새끼들이 움직이면서 이웃 둥지로 옮겨 갈 수도 있다. 만약 어미들이 자기 새끼의 소리나 생김새를 학습하지 않는다면 자기 새끼를 제대로 돌볼 수 없다.

하지만 세가락갈매기는 가파른 절벽의 바위에다 둥지를 짓기 때문에 새끼들이 움직여도 이웃 둥지까지 가지 못한다. 그러니 어미 세가락갈매기는 굳이 자기 새끼의 소리나 생김새를 정확하게 학습할 필요 없다. 대신 자기 둥지가 있는 지형지물만 기억한다면, 일부러 새끼를 바꿔치기 하지 않는 한 자기 새끼를 알아보지 못하고 남의 새끼를 돌보는 일은 벌어지지 않는다.

자칫 자기 새끼를 알아보지 못하는 세가락갈매기가 재갈매기보다 머리가 나쁜 게 아닌가 오해할 수 있다. 그러나 동물종들은 각 종들이 처한 환경에 따라 그들의 사회 구조와 유대를 조금씩 독특하게 변화시킬 뿐이다.

동물들은 살아가기 위해 많은 것을 학습한다. 학습 내용과 그에 따른 사회 행동은 동물들이 처한 주변 환경에 따라 달라진다.

인간의 뇌, 생후 3개월의 비밀

나는 학생들을 가르치는 선생님들이 인간의 성장 초기에 형성되는 뇌의 비밀을 안다면 참스승이 되는 데 도움이 될 것이라고 믿는다. 교육은 성적으로 학업 성취도를 매기는 것이 아니라 용기와 희망 그리고 가능성을 심어 주는 일이다.

인간의 뇌는 150억 개의 뉴런(신경세포)으로 구성되어 있다. 태어날 때는 엉성하게 자리잡던 뉴런이 생후 3개월쯤 되면 세포분열을 통해 거의 성인의 뇌 수준까지 만들어진다.

이 3개월 동안 뇌세포는 가는 실(섬유)을 뻗어 그물망을 만든다. 생후 3개월이 되면 사람의 뇌는 기본틀이 완성되는 것이다. 미국의 뇌신경과학자인 코넬은 인간의 대뇌피질의 단면을 현미경으로 살펴본 근거를 통해 생후 3개월 내에 뇌의 결정적인 변화가 일어난다는 사실을 확인한 바 있다.

뇌세포 그물망은 태어나기 전 유전자에 의해 이미 일부가 고정되기도 하지만, 생후 3개월 동안 주변 환경에 따라 다르게 형성되기도 한다.

사람이 갓태어나 지각하는 공간 소음, 부모 음성, 벽지 색깔, 빨래 냄새, 피부 접촉 등은 서로 다르다. 다시 말해 갓난아기들은 환경에 따

냄새와 맛으로 뇌세포를 자극하는 아이들

뇌세포 그물망은 태어나기 전부터 유전자에 의해 일부 고정되어 있지만 태어나서 처음 지각하는 소리나 빛, 냄새, 엄마와의 피부 접촉 등에 의해 뇌의 기본틀이 다르게 형성되기도 한다.

라 뇌의 기본틀이 서로 다르게 만들어진다는 뜻이다. 연구자들은 외부 영향이 뇌세포를 자극해 섬유들을 다르게 형성한다는 사실을 동물실험으로 밝혔다.

쥐는 눈을 감은 채 태어난다. 생후 2주 동안 뇌의 시각중추 가운데 시세포 하나가 14개의 섬유를 뻗어 인접 세포와 접촉한다. 얼마 후 어린 쥐가 눈을 뜨게 되면 시세포는 약 8000개의 섬유를 뻗어 인접 세포와 접촉한다. 다시 쥐의 눈을 가리면 시세포가 뻗은 섬유의 수는 초

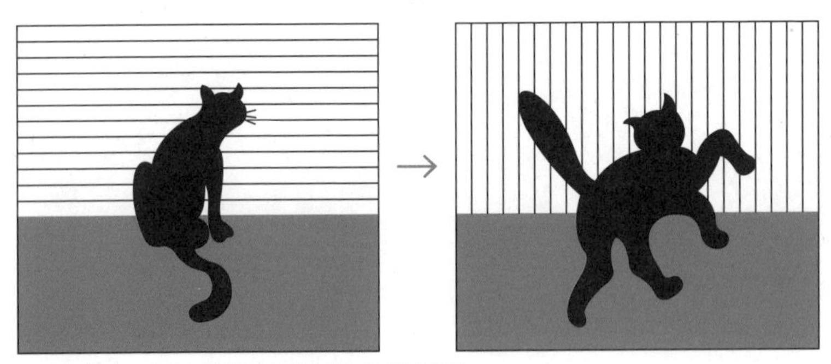

수평선만 보고 자란 고양이는 수직선에 눈이 멀게 된다.

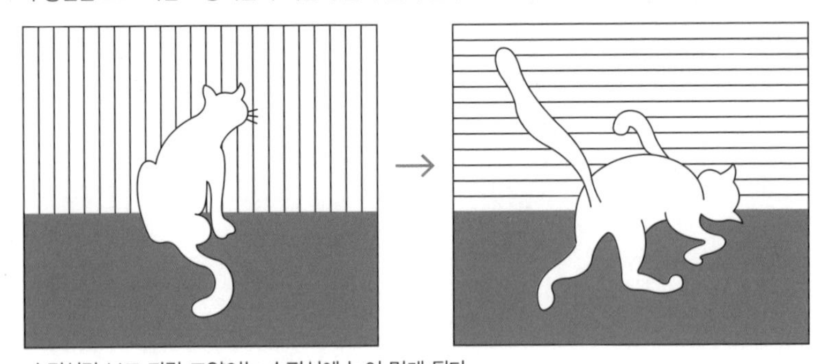

수직선만 보고 자란 고양이는 수평선에 눈이 멀게 된다.

프레데릭 베스터, 『사고와 학습 그리고 망각』

기처럼 14개에 머문다. 그렇게 눈을 가린 채 몇 주 뒤 가리개를 풀면 그 쥐는 평생 눈먼 상태가 된다.

독일의 환경생태학자 프레데릭 베스터는 고양이를 대상으로 유사한 실험을 했다.

베스터는 새끼 고양이들이 태어나자마자 몇 주 동안 각각 수평선과 수직선만 보여주며 길렀다. 결국 새끼 고양이들는 역방향의 지각에 눈이 멀게 되었다. 수평선만 보고 자란 고양이는 수직선을 지각하지 못했고, 수직선만 보고 자란 고양이는 수평선을 지각하지 못했다.

인간도 마찬가지이다. 생후 초기에 시각 이미지를 받아들이지 못하면 베스터의 고양이 실험처럼 일생 동안 시각 장애가 일어난다.

생후 3개월 동안 환경에 따라 인간의 뇌의 기본틀이 서로 다르게 만들어진다는 것은 아이의 머리가 좋고 나쁘다를 말하는 것이 아니다. 사람마다 소질과 성격이 다르고, 나아가 학습 유형이 다르다는 것을 말한다.

말하자면 모든 아이들을 똑같은 학습 방법으로 가르치면 지능과는 별개로 학습 결과에 편차가 생길 수밖에 없다는 뜻이다. 어떤 아이는 시각적인 기억력이 좋고, 어떤 아이는 청각을 통해 더 잘 배운다. 어떤 아이는 행동으로 배우면 더 나은 학습 능력을 발휘한다. 그러므로 좋은 선생님이라면 아이들의 특징을 잘 살펴 용기를 주고 가능성을 이끌어 주어야 한다.

'군사부일체'라는 말이 있다. 임금과 스승과 아버지는 한 몸으로 은혜가 같다는 뜻인데, 달리 말하자면 스승 또한 부모와 마찬가지로 자식처럼 아이를 돌보고 기르라는 것이다. 성적이 좋고 나쁜 것으로 학생들을 평가하기보다 학생마다 어떤 재주와 능력을 갖고 있는지 살피면서 용기를 주고 가능성을 이끄는 것이 참스승이 아닐까 싶다.

공부를 잘하려면 IQ가 좋아야 할까

한마디로 공부를 잘하고 못하고는 지능지수(IQ)보다 선생님이 설명하는 방법과 학생이 사고하는 방법이 일치하느냐에 달렸다. 선생님의 설명 방법이 학생의 사고 방법과 같으면 좋은 성적을 낼 수 있다.

고등학교 물리 책에 나오는 '압력＝힘/표면적'을 학생들이 저마다 어떤 사고 모델로 이해하는지 살펴보자.

첫 번째 학생은 동료 학생들과 의논해 이해한다. 두 번째 학생은 실제 응용, 즉 행위를 통해 이해한다. 세 번째 학생은 못에 압력을 가하면서 감각, 즉 접촉과 느낌으로 이해한다. 네 번째 학생은 순수 사고력으로 추상적인 공식을 통해 내용을 이해한다.

네 학생 모두 공부하는 내용은 같다. 그러나 각자 서로 다른 지각 통로로 내용을 이해한다. 그런데 만일 한 가지로만, 예를 들어 선생님이 네 번째 방법으로만 수업한다면 학생들의 학습 성취도가 어떻게 될까? 아마도 선생님의 설명 방법과 학생의 사고 방법이 일치하는 네 번째 학생의 성적이 우수할 것이다.

유감스럽게도 우리나라에서는 대부분 네 번째 방법인 순수 사고력을 지닌 몇몇 아이만을 위한 수업이 이루어지고 있다. 입시 교육에서 가장 점수를 잘 받는 학생들이 바로 이들이다.

물론 한 선생님이 모든 학생들의 사고 모델을 고려해 수업할 수는 없다. 다만 학생들에게 다양한 기본틀이 있는 만큼 다양한 수업 방법을 시도해 볼 수는 있다.

무엇보다 성적이 낮은 학생을 열등하다고 인식하면 안 된다. 선생님의 설명 모델과 학생이 이해하는 사고 모델이 달라서 나타난 결과일 수 있다. 무심한 선생님의 말 한마디에 학생들이 상처를 받아 학습에 대한 의욕 자체가 사라질지도 모를 일이다.

프레데릭 베스터는 저서 『사고와 학습 그리고 망각』에서 생후 초기에 이루어지는 환경 자극이 뇌세포 발달에 결정적 역할을 한다고 말했다. 나는 동물행동학뿐만 아니라 유아교육학에 영향을 끼칠 이 책이 아직 국내에 소개되지 않아 직접 번역해 소개했다.

인간의 뇌는 생후 초기에 완성되는 것이 아니다. 이미 엄마 배 속에서부터 만들어지기 시작한다. 물론 엄마 배 속에 있을 때 뇌가 환경에 어떻게 영향을 받는지는 아직 밝혀지지 않았다. 다만 새들이 알 속에서부터 학습하는 것을 실험해 보면서 인간 또한 태교 환경이 뇌세포 발달에 영향을 미친다고 생각한다.

인간의 생후 3개월은 컴퓨터로 말하면 하드웨어가 완성되는 시기이다. 취미, 소질, 개성, 정치적 성향까지도 영향을 미칠 수 있다. 베스터는 생후 3개월 동안 기본틀의 형성이 문화마다 나라마다 그리고 세대마다 다르다고 설명한다.

공식으로 가르치는 물리 선생님

교실에서 순수 사고력, 즉 공식을 잘 활용하는 수업이 이루어지고 있다.
남들과 다른 사고력을 지닌 학생들은 교육에서 무시당하거나 소외당하며 성적을 내지 못한다.

베스터는 설문조사를 통해 부모들이 유사한 환경, 비슷한 소득, 같은 지역, 같은 연령대임에도 불구하고 그들의 자녀들은 생후 초기에 부모와 함께 보낸 시간이나 자극 같은 환경이 제각각 달랐다고 밝혔다.

'평균' 가운데 늦게 취학한 아이의 35퍼센트는 생후 3개월 동안 엄마와 1시간 30분 정도 피부 접촉을 했고, 65퍼센트는 그 이상이었다. 아이의 46퍼센트는 어른과 같은 공간에 있었고 54퍼센트는 다른 공간에 있었다. 그 아이들의 절반은 자주 움직이며 돌아다녔고, 나머지 절반은 드물게 움직이거나 아예 움직임이 전혀 없었다.

어머니들의 52퍼센트는 사람의 목소리를 중요한 소리로 꼽았고, 29퍼센트는 세탁기 소리 같은 기계음을, 12퍼센트는 음악 소리를 꼽았으며, 7퍼센트는 이런 소리들을 비슷하게 거론했다.

이처럼 같은 문화권의 소규모 집단에서조차 갓난아이에게 영향을 주고 뇌의 기본틀을 형성하는 인상, 다시 말해 갓난아이가 오감을 통해 받아들이는 주변 세계는 매우 다르다. 이런 식으로 아이들이 주변 환경에 노출되어 형성된 지각 모델, 즉 기본틀은 서로 달라질 수밖에 없다.

아이를 낳아 생후 3개월 동안 어떻게 기르는 것이 최선일까? 정답은 없다. 다만 자동차나 세탁기와 같은 기계적 자극보다 갓난아이 때부터 새소리나 바람 소리, 냇물 흐르는 소리와 같은 자연적 자극에 노출시켜 양육시켜 보면 어떨까?

동물들도 보수와 진보가 있다

동물과 동물 사이의 사회생활과 구조를 탐구하는 학문을 동물사회학이라고 한다. 앞서 꿀벌들의 집단생활에서 이루어지는 분업을 살펴본 것도 동물사회학의 관점이다.

인간 사회는 변화과 혁신을 바라는 진보 세력과 질서와 안정을 바라는 보수 세력이 갈등하며 발전하고 있다. 마찬가지로 동물 사회도 변화를 선택하는 진보와 안정을 선택하는 보수가 맞서며 진화를 거듭하고 있다.

사회 발전과 진화를 가름하게 되는 진보와 보수의 갈등은 불평등이 원인인 경우가 많다. 집단 구성원들에게 골고루 분배가 이루어진다면 아무 문제없다. 그러나 분배가 불평등하게 이루어진다면 그것에 맞서는 진보와 불평등에 눈을 감는 보수 사이에서 충돌이 일어날 수밖에 없다.

동물 사회 또한 인간 사회처럼 가진 자와 덜 가진 자가 있다. 말하자면 환경이 좋아 항상 배불리 먹이 활동을 할 수 있는 동물이 있는가 하면, 그렇지 못한 환경에서 먹이 활동이 불안정한 동물들이 있다.

알바니대학교 생물학 교수이자 동물의 사회적 행동 진화를 연구하는 토마스 카라코는 다음과 같은 실험을 했다.

땃쥐 한 마리가 6시간마다 먹이를 먹기 위해 두 개의 패치(바닥에 대는 헝겊 조각) 중 하나를 선택한다.

땃쥐는 패치 1에서 항상 먹이 8개를 얻는다. 패치 2에서는 그보다

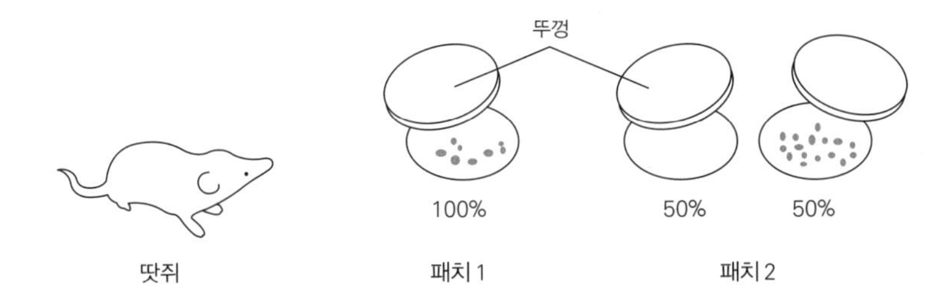

동물의 위험-민감 최적 섭식 모델 실험 (리 앨런 듀가킨 『동물행동』 참고)
땃쥐는 식사 시간마다 안정적으로 먹이를 얻을 수 있는 패치1과 두 배의 먹이를 얻거나 아무것도 얻지 못할 확률이 반반인 패치2 중에서 하나를 선택해야 한다. 먹이 수급의 안정과 변이의 차이를 고려해야 하는데, 특히 얼마나 배고픈 상태인가에 따라 선택이 달라진다.

두 배인 16개를 얻거나 아무것도 얻지 못하는데, 확률은 50 대 50이다. 땃쥐가 두 패치에서 기대할 수 있는 먹이 개수는 평균 8개로 같지만, 식사 시간당 먹이 섭취율의 변이 즉 위험은 패치 2가 크다.

동물학자들은 이것을 위험-민감 최적 섭식 모델(risk-sensitive optimal foraging model)이라고 부른다. 위험-민감 최적 섭식 모델에서 중요한 요소는 동물의 배고픈 상태이다. 동물이 얼마나 배고픈지에 따라 주어진 먹이의 가치와 변이성에 대한 평가가 달라진다. 이를 알아보기 위해 섭식자의 배고픈 정도가 다른 세 가지 경우를 만들어 실험했다.

섭식자 1은 새로운 먹이를 먹을 때마다 가치가 모두 같다고 평가하는 정도의 배고픈 상태, 그러니까 적당히 배고픈 상태이다. 이 섭식자 1은 첫 번째 식사이든 다섯 번째 식사이든 매번 가치가 같은 먹이를 먹는다.

섭식자 2는 꽤 배가 불러 만족스러운 상태이다. 새로 먹게 되는 먹이는 어느 정도 가치가 있지만 식사를 거듭할수록 그 가치가 점점 떨어지게 된다. 마치 우리가 아이스크림 두 개를 먹자마자 케이크 한 조각을 먹을 때, 케이크는 여전히 가치가 있지만 아이스크림을 먹기 전만큼은 아닌 것과 같다.

섭식자 3은 굶어서 배가 아주 고프다. 굶어 죽느냐 살아남느냐 하는 상태라 식사 시간마다 얻게 되는 먹이는 점점 가치가 높아질 수밖에 없다.

실험 결과 섭식자 1과 2는 패치 1을 선호해 안정을 선택했다. 배가 많이 고프지 않은 섭식자들은 먹이가 추가될수록 점점 배가 불러 먹이의 가치가 떨어진다. 즉 동물들은 배가 부르면 먹이 8개보다 먹이 16개가 더 가치 없으므로 위험보다는 안정된 먹이원을 선택한다.

반면에 섭식자 3은 패치 2을 선호했다. 배고픈 동물은 먹이 8개로 생존을 보장받을 수 없기 때문에 위험을 무릅쓰고 먹이 16개가 나오는 패치 2를 선택한다. 물론 패치 2를 선택하면 먹이를 아무것도 얻을 수 없다는 위험 또한 알고 있다.

최근에는 위험-민감 최적 섭식 모델에 대한 가설 검증 실험이 조류와 포유류에도 이루어지고 있다. 실험들은 모두 비슷한 결과가 나온다.

인간 사회도 마찬가지이다. 가진 것이 많은 사람들은 안정을 원해 변화의 위험을 바라지 않고 불평등에도 눈을 감는 일이 많다. 반면에 가진 것이 없는 사람들은 생존을 위해 위험을 무릅쓰고 불평등을 해소하고자 변화를 꾀한다. 우리 사회에서 벌어지는 보수와 진보의 갈등은 가치의 생산과 분배 과정에서 모순이 생기며 발생한다.

하루가 멀다 하고 벌어지는 정치권의 보수와 진보 갈등은 때때로 우리에게 상당한 피로감을 주지만, 이런 갈등과 문제 해결은 우리 사회가 한층 더 발전하게 만드는 원동력이 된다.

동물 사회의 문화

사람들에게 "박새가 문화생활을 한다."고 하면 박새를 의인화한 이야기쯤으로 생각할지 모르겠다. 동물 사회에도 보수와 진보가 있는 것처럼 동물종들은 나름의 문화생활을 한다.

'문화'란 어떤 행동학적 수단에 의해 하나의 정보가 전달되어 계승되는 것을 말한다. 인간은 어떤 관습을 다른 인간에게 그리고 다음 세대에게 전달하면서 문화를 만들어 왔다. 이 관습들은 종류가 무엇이든 간에 '모방'이라는 학습에 의해 전해진 것만은 틀림없다. 문화를 만드는 관습들은 유전인자로 퍼지는 것이 아니라 구성원들이 다른 개체의 행동을 흉내내고 모방하면서 퍼져 나간다.

그렇다면 동물들에게도 관습 또는 습관이 개체와 개체에게, 더 나아가 후세에까지 퍼져 새로운 문화를 만드는 것이 가능할까?

1930년 영국의 어느 지방에서 박새 한 마리가 우연히 창가에 놓인 우유병의 은박지 뚜껑을 부리로 찢고 위에 떠 있는 크림을 먹었다.

이 박새의 행동은 곧 가까운 동료들에게 퍼졌고, 지금은 영국 전 지역에서 박새들이 창문에 놓인 우유 뚜껑을 부리로 찢어 크림을 먹는다. 영국에 사는 박새들에게 새로운 습관이 생겨 일종의 문화가 만들어진 셈이다.

일본원숭이에게도 이와 비슷한 일이 생겼다. 1953년 일본의 한 대학에서 고시마섬에 사는 야생 일본원숭이들에게 고구마를 먹이로 던져 주었다. 일본원숭이들은 대부분 고구마에 묻은 흙을 문지르거나 털어서 먹었는데, 한 어린 일본원숭이는 물에 씻어 먹었다.

연구진들은 이 어린 일본원숭이에게 '이모'라는 이름을 붙이고 관찰했다. 이모가 계속 고구마를 물에 씻어 먹자 1개월 후에는 다른 어린 일본원숭이들이 따라했고, 4개월 후에는 이모의 어미 원숭이도 따라했다. 이모의 행동을 모방하는 일본원숭이들이 점점 늘자 나중에는 예전 방식을 고수하던 나이든 일본원숭이들까지 고구마를 씻어 먹었다. 그러다 민물뿐 아니라 바닷물에 씻어 짭쪼롬하게 간을 맞추는 듯한 일본원숭이도 나타났다. 오늘날에는 고구마를 바닷물에 씻어 먹는 습관이 일본에 사는 일본원숭이들의 문화로 정착했다.

옛날 사람들은 인간이 다른 동물들과 구별되는 점으로 '도구 사용'을 꼽았다. 그러나 과학이 발달하면서 도구 사용은 인간의 전유물이 아니라고 밝혀졌다.

갈라파고스 섬에 사는 핀치류는 선인장 가시로 나무껍질 속에 든 벌레를 꺼내 먹는다.

아프리카에 사는 침팬지는 흰개미를 잡기 위해 가느다란 나뭇가

호두를 물고 신호등 위에 자리잡은 까마귀

일본에 사는 한 까마귀는 신호등 위에 올라서서 호두를 아스팔트 위에 떨어뜨렸다. 그리고 자동차 바퀴가 그 위를 지나가 호두가 깨질 때까지 기다렸다.

지를 사용한다. 침팬지들은 먼저 나뭇가지에 붙은 이파리를 떼어내고, 깔끔하게 정돈된 나뭇가지를 구불구불한 흰개미 집 안에 넣어 휘젓는다. 그리고 나뭇가지에 붙어 따라 나온 흰개미들을 한 입에 훑어 먹는다.

최근 일본에서는 까마귀가 호두를 먹기 위해 차도 위로 달리는 자동차를 이용하는 모습이 목격되었다. 지금까지 새들은 보통 고둥이나 조개를 물고 하늘 높이 올라갔다가 바닷가 바위에 떨어뜨려 껍질을 깼다. 그런데 이 까마귀는 아무리 호두를 딱딱한 아스팔트 바닥에 떨어뜨려도 쉽게 깨지지 않는다는 것을 알고 있는 듯했다.

까마귀는 건널목에 호두를 떨어뜨린 다음 신호등 위에서 기다렸다. 신호등이 빨간불로 바뀌자 사람들은 멈추고 자동차들이 건널목을 지나갔다. 그때 호두 껍데기가 자동차 바퀴에 깔려 깨졌다. 다시 파란불이 들어오자 차는 멈추고 사람들이 건널목을 건넜다. 까마귀는 그 틈을 타 껍데기가 깨진 호두 알맹이를 먹었다.

이 까마귀는 건널목이 아닌 곳에 호두를 갖다 놓으면 줄줄이 이어지는 차들 때문에 호두가 산산조각이 나서 먹을 수 없다는 것을 알았다. 이쯤 되면 까마귀의 지능이 유치원생 정도가 아닐까 싶다.

동물들의 습관이 모방으로 이어져 문화가 만들어지는 행동들은 동물종 모든 구성원에게 일어나지 않는다. 다만 일부 동물 사회에도 단순히 동물의 학습이나 본능이 아니라 일종의 문화 전파 현상, 즉 인간 사회처럼 문화가 만들어지고 확산되어 간다.

우리 사회에서 유행을 주도하고 새로운 문화를 만드는 이들은 대개 젊은 사람들이다. 마찬가지로 동물들도 어린 개체부터 새로운 행동을 시작하고 점점 나이든 개체로 전파되어 결국 다음 세대로 이어져간다.

생각하는 침팬지

전 세계 생물학자들은 '지구에서 사라지면 안 될 생물 다섯 가지'로 플랑크톤, 곰팡이, 벌, 박쥐, 영장류를 꼽았다. 플랑크톤부터 박쥐까지는 인간들에게 직접적인 도움을 주었다면, 영장류는 인류 진화의 통찰력을 불러일으켰다는 점에서 유익하다.

열대우림과 사바나 지역에 서식하는 침팬지들은 도구를 사용하고 먹이를 분배하며 동료와 인사를 나누고 안정된 사회생활을 한다. 이는 영장류 가운데 인간과 매우 비슷한 습성으로서, 침팬지들의 사회 행동을 살펴보면 인간의 원시 사회 구조를 엿볼 수 있다.

침팬지들은 엄격한 서열이 있다. 상위는 한두 마리의 힘센 수컷이 차지하며, 그 다음은 성숙한 암컷 그리고 마지막은 어린 침팬지 순으로 서열이 정해져 있다.

그러나 서열은 상황에 따라 수시로 달라진다. 가까이에 친구나 친척이 있느냐에 따라 영향을 받기도 한다. 그래서 침팬지 사회에서는 늘 다툼이 있게 마련이다. 다만 실제로 치고받는 싸움이 아니라 털을 바짝 세워 위협하면서 힘을 과시하는 정도이다.

침팬지의 힘 과시

침팬지는 상대에게 무섭게 보이도록 힘을 과시하는 행동을 한다.
이는 자신의 힘을 소모하지 않는 제스처에 불과하다.

빙하시대 원시인들은 힘들고 어려운 환경에 맞서 살아야 했다. 원시인들은 같은 친족들 내에서도 육체적인 힘과 정신적인 능력에서 가능한 한 높은 서열을 차지하려 했다. 서열이 높아야 장작불 옆의 따뜻한 자리를, 공동 수렵으로 얻은 포획물에서 가장 맛있는 부위를 차지할 수 있기 때문이다.

많은 학자들은 빙하시대에 인간이 살아남기 위해서는 난폭함과 교활함, 그리고 위엄 있는 행동들이 필요했을 것이라고 믿고 있다. 그리고 이런 행동들은 후세까지 내려오는 동안 우리 인간들에게 각인되었을 것이다.

오늘날 정치를 보면 엄격한 질서와 위엄 있는 행동이 늘 중요한 역할을 한다. 정치인들 중 일부는 종종 권력자 앞에서 머리를 숙이거나 미소를 짓는다. 물론 선거철이 되면 평소 권력 서열의 아래인 듯 관심을 기울이지 않던 유권자들에게도 머리를 숙인다.

한편 군사 훈련이나 군대 사열은 내부의 힘을 과시하며 외부의 적을 위협하는 목적으로 이루어진다. 북한에서 화려하게 군대 사열 행사를 치르는 것도 이와 같다.

인간의 일면은 양순하고 정직하며 인도주의적이다. 항상 평화와 평등, 진정한 민주주의를 위해 투쟁한다. 그렇지만 다른 일면에서는 착취와 억압을 일삼는다. 우리는 늘 상대방을 위협해야 안전을 느낀다. 그렇게 수많은 예산을 국방에 쏟아붓다가 마침내 나라 살림을 탕진하고 마는 것도 이런 행동의 결과라고 할 수 있다.

서열이 비슷한 수사슴끼리 만나면 처음에는 큰 포효로 우열을 가린다. 그것으로 평가되지 않으면 서로 평행으로 걸어가면서 우열을 가린다. 마지막으로는 뿔을 마주대고 힘과 힘으로 밀어낸다. 대체로 이 단계에서 승부가 나지만, 그래도 승부가 안 난다면 상대에게 큰 상해를 입히는 진짜 싸움으로 번진다.

금세기 강대국들의 서열 싸움 한가운데에서 남한과 북한의 군사력 과시가 수시로 벌어진다. 가장 바라는 것은 전쟁을 끝내는 정전이지만, 그 전까지는 부디 수사슴보다 침팬지 같은 과시 행동에 그치길 바랄 뿐이다. 침팬지 같은 동물들은 싸우기 전에 과시를 통해 서로 힘을 평가하는데, 곧 약자가 물러나 진정한 싸움은 일어나지 않는다.

동물들의 성선택

프랑스 철학자 장 폴 사르트르는 "인생은 B와 D 사이의 C이다."라고 했다. 태어나서(Birth) 죽을 때(Death)까지 선택(Choice)의 연속이라는 말이다. 인생의 크고 작은 선택 중에서 배우자 선택만큼 중요한 일이 또 있을까. 배우자 없이 살아가는 사람도 있지만, 대체로 우리 인생은 배우자 선택에 따라 크게 달라진다.

생물학에서는 배우자 선택을 '성선택'이라고 한다. 성선택은 동물종이 멸종하지 않고 얼마나 번성하는가를 좌우하는 문제이기 때문에 인간의 운명보다 더 중요할 수 있다.

구애는 주로 수컷이 하고 성선택은 암컷이 하는데, 이유가 무엇일까? 행동진화학자들은 배우자를 찾기 위한 암컷과 수컷의 투자가 서로 다르기 때문이라고 본다.

우선 암컷의 난자는 수컷의 정자에 비해 엄청 커서 투자 비용 또한 훨씬 크다. 수적으로도 난자는 정자에 비해 얼마 생산되지 않아 짝을 잘못 맺어 번식에 실패하면 암컷이 수컷보다 크게 잃는다. 그래서 암컷은 짝을 고르는 데 신중할 수밖에 없고, 나아가 성선택은 수컷이 아닌 암컷이 하게 된다는 이론이다.

그렇다면 암컷은 무엇으로 성선택을 할까? 여기에는 두 가지 가설이 있는데, 그중 한 가지가 '직접 이익'이다.

암컷들은 안전한 보금자리와 먹이를 제공하는 수컷이나 자신이 좋은 아버지가 되리라고 정보를 흘리는 수컷과 짝을 지으려 한다. 이 가설을 입증하는 데 힘을 실어 주는 연구가 바로 밑들이라는 곤충의 성선택이다.

암컷 밑들이는 단순한 규칙에 따라 행동한다. 수컷 밑들이는 짝짓기하기 전에 암컷에게 먹잇감을 혼인 예물로 가져간다. 암컷은 크고 즙이 많은 먹이를 바치지 않는 수컷과는 짝짓기를 하지 않는다.

수컷 밑들이가 먹이를 구하는 일은 매우 위험하다. 그래서 짝짓기 때 혼인 예물이 될 만한 먹이를 가진 수컷은 고작 10퍼센트 밖에 되지 않는다. 혼인 예물을 마련한 수컷은 암컷이 먹이를 먹는 동안 짝짓기를 한다. 여기서 암컷은 직접적인 이익, 즉 더 큰 예물을 주는 수컷을 선택한다. 혼인 예물이 크지 않은 수컷은 짝짓기 시간이 짧아질 수밖에 없어 자손을 기대할 수 없다.

가끔 혼인 예물을 속이는 곤충도 있다. 수컷 춤파리들은 혼인 예물을 고치로 꽁꽁 싸서 암컷 춤파리에게 건넨다. 그런데 미처 혼인 예물을 마련하지 못해 빈 고치만 건네는 수컷 춤파리도 있다. 암컷 춤파리가 선물을 확인하기 전에 짝짓기를 하려는 것이다.

물론 이런 속임수를 쓰는 동물종은 일반적이지 않다. 암컷을 한두 번은 속여도 매번 속일 수는 없다. 진화는 절대 편법으로 이루어지지 않는다.

외모 또한 성선택의 기준이 된다. 암컷 제비는 꼬리가 긴 수컷을 선택한다. 진드기에 덜 시달리는 수컷일수록 꼬리 깃털이 길기 때문이다. 암컷 제비는 건강한 수컷을 맞이해 기생충 없는 청결한 집안 환경을 유지하고 더 건강한 새끼를 갖는다.

생물학에서 성선택의 목적은 번식이다. 그렇다면 인간은 무엇 때문에 사랑에 많은 시간을 바치는 것일까? 오직 인간만이 번식기가 아닌 때에도 성적 욕구를 가지는 동물일까?

보노보는 진화적으로 볼 때 침팬지보다 인간과 더 가깝다. 침팬지보다 좀더 늘씬하며 얼굴이 검고 입술이 붉다. 머리에는 가늘고 검은 머리털이 자란다. 현재 중앙아프리카 콩고분지에서 약 2만 마리 정도 서식한다.

번식을 위해 짝짓기를 하는 대부분의 동물과는 달리 보노보는 구성원 사이에서 화해 제스처로 성을 이용한다. 특히 먹이를 앞에 두고 다툴 때 화해하는 의미로 짝짓기를 한다. 그래서 보노보 집단은 늘 평화가 유지된다.

숲속의 보노보 부부

보노보는 현존하는 영장류 가운데 가장 인간과 가까운 종이다. 보노보는 인간처럼 번식을 위해서만이 아니라, 화해를 하거나 기쁨을 위해 짝짓기한다.

성숙한 암컷 보노보들은 자신이 자란 무리를 떠나 낯선 무리로 들어가 그 무리의 수컷과 혼인하고 새끼를 낳는다. 그런데 재미있는 일은 굴러온 돌인 암컷 보노보가 박힌 돌인 수컷보다 서열이 위라는 점이다.

침팬지는 수컷이 암컷보다 서열이 위이다. 그러나 보노보는 집단에서 수컷의 지위가 별로 높지 않다. 관찰에 따르면 암컷 보노보는 수컷보다 동성인 암컷의 털을 고르며 훨씬 더 호의를 보인다.

암컷 침팬지들은 대개 새끼 보노보들과 좀더 친밀한 관계를 유지한다. 다 큰 수컷 보노보들은 서열에서 밀려나 집단 주변부에 머문다. 우리 남성들도 나이 들면 이와 다를 바 없는 모습이다.

술 취한 코끼리가 늘고 있다

코끼리에 대해 흥미로운 사실이 있다. 아프리카와 인도에 주로 서식하는 야생 코끼리들이 스트레스가 쌓이면 사람처럼 술을 마신다는 것이다.

자연에는 흥분 효과를 일으키는 약초들이 많다. 비비원숭이는 담배밭을 찾아다니고, 순록은 느타리버섯을 따기 위해 수킬로미터를 헤맨다. 자연 상태에 있는 약초를 야생동물들이 우연히 먹었다가 효과를 보면서 마치 사람들이 약물 중독에 걸리듯 그 약초를 찾아다니는 것이다.

그중 코끼리가 찾는 것은 발효된 열매들이다. 과일이 너무 익으면 뭉개진 과육에 미생물이 들어가 효소에 의해 분해되면서 술의 주성분인 에탄 알코올이 만들어진다. 코끼리들은 자연에서 만들어진 알코올을 맛보고 발효된 열매들을 찾아다닌다.

술 취한 코끼리는 비틀거리면서 코로 트럼펫 소리를 내는데, 어찌나 소란스러운지 수킬로미터 떨어진 곳까지 들릴 정도이다. 가끔은 술 취한 코끼리들끼리 서로 싸우기도 한다.

사람도 지나치게 술을 마시면 흥분하거나 조정 능력을 잃어 사고가 나기 일쑤인데, 육지에서 덩치가 가장 큰 코끼리는 취하면 흥분해서 더 큰 사고를 저지르기도 한다. 코끼리들이 많이 서식하는 인도 지방에서는 술 취한 코끼리들이 난동을 부리는 바람에 사람이 다치거나 죽고 건물이 부서지는 일이 가끔 벌어진다.

그럼 코끼리들은 어떤 술을 좋아할까? 유럽의 한 동물원에서 알코올 농도가 각각 다른 여러 술들을 코끼리들에게 주면서 실험했다. 코끼리들은 그중 알코올 농도가 7퍼센트인 술을 가장 즐겼다. 그것은 자연에서 열매가 발효될 때 만들어지는 알코올과 같은 농도였다.

코끼리들의 음주량을 보기 위해 아무런 강제 없이 자유롭게 술을 마시게 했더니 코끼리 한 마리당 한 번에 20병의 맥주를 마셨다. 거나하게 취한 코끼리들은 코를 자주 땅에 내리치면서 평소보다 훨씬 큰 소란을 피웠다. 또 귀를 자주 펄럭이며 머리를 이리저리 내둘렀다.

술 취한 코끼리는 사회성이 떨어진다는 실험 결과도 있다. 술 취한 코끼리는 자기 시간의 40퍼센트만 무리 속 동료들과 지냈고, 취하

술 취한 코끼리들

코끼리들은 발효된 열매을 먹고 사람처럼 술에 취해 스트레스를 달랜다.
코끼리들을 안전하게 지키려면 서식지를 보호하여 스트레스를 줄여야 한다.

지 않은 코끼리들은 그에 비해 두 배 이상의 자기 시간을 무리 속 동료들과 지냈다.

사람들은 스트레스가 쌓이면 술을 더 자주 찾는다. 코끼리도 사람처럼 스트레스에 반응해 알코올을 찾는 것일까 아니면 우연히 찾는 것일까?

코끼리가 알코올을 찾는 이유를 알아보기 위해 여러 코끼리들을 0.5헥타르 면적에 1개월 동안 가두어 길렀다. 그랬더니 넓은 지역에 사는 코끼리들에 비해 좁은 지역에 사는 코끼리들이 알코올을 3배 정도 더 찾았다. 이 연구에 의하면 코끼리들은 사고가 날 때까지 알코올을 마셨으며, 종종 공격적인 행동을 보였다고 한다.

개발이라는 구실 아래 자꾸만 코끼리의 생활 터전인 밀림이 파헤쳐지고 있다. 그나마 남아 있는 생활 공간마저 포화 상태에 이르러 코끼리들이 스트레스를 심하게 받는다. 코끼리들은 스트레스를 해소하기 위해 발효된 열매를 찾아다니며 취하는 것이다.

좀더 인간적으로 이야기하면, 자꾸만 줄어드는 생활 터전과 그에 따라 더욱 치열해지는 먹이 경쟁에서 생기는 공포를 잊기 위해 코끼리들이 자꾸 술을 마시는 것이리라.

코끼리의 서식지 파괴 문제는 어제오늘 일이 아니다. 오래전부터 사람들은 상아를 채집하기 위해 코끼리 밀렵을 일삼아왔다. 코끼리들을 보호하고, 또 술 취한 코끼리들의 난동으로부터 사람들을 보호하려면 더 이상의 서식지 파괴와 밀렵은 사라져야 한다.

지금으로부터 610여 년 전인 1411년 2월, 조선 태종이 즉위한 지 11년이 되는 해에 코끼리가 바다 건너 조선 땅에 처음 모습을 드러냈다. 이 덩치 크고 기이한 동물을 본 사람 중에 놀라지 않은 사람이 없었다. 『조선실록』은 그 사건을 이렇게 기록했다.

"일본 국왕 원의지가 사신을 보내 코끼리를 바쳤으니, 코끼리는 우리나라에 일찍이 없던 것이다. 명하여 코끼리를 시복시에서 기르게 하니 날마다 콩 4, 5두씩 먹어치웠다."

일본 국왕 또한 코끼리를 선물받았을 텐데, 그 진귀한 동물을 다시 조선의 왕에게 바친 것이다. 그런데 코끼리는 워낙 덩치가 커서 하루에 콩 4, 5두씩, 그러니까 70~90리터씩 먹어치웠다. 이는 4인 가족의 두 달 식량이었다. 코끼리는 점점 골칫덩이가 되었고, 이듬해 12월 기어이 문제가 생겼다.

"전 공조전서 이우가 죽었다. 처음에 일본 국왕이 사신을 보내 길들인 코끼리를 바쳤으니 3군부에서 기르도록 명했다. 이우가 기이한 짐승이라 하여 가보고 그 꼴이 추함을 비웃고 침을 뱉었는데 코끼리가 노하여 밟아 죽였다."

전 정3품 공조전서 이우가 코끼리에게 밟혀 죽는 일이 벌어진 것이다. 대신들의 비난이 거셌지만 시간이 지나면서 곧 잠잠해졌다. 그러나 얼마 못 가 코끼리가 또 사람을 밟아 죽이는 일이 벌어졌다. 이에 1413년 병조판서 유정현이 태종에게 코끼리를 처벌하라며 진언을 올렸다.

"코끼리는 이미 성상의 좋아하는 물건도 아니요, 나라에 이익도 없습니다. 두 사람을 해쳤는데, 이를 법으로 따지면 사람을 죽였으니 코끼리도 죽여야 마땅합니다. 일 년에 먹이는 콩이 수백 석에 이릅니다. 청컨대 주공이 코뿔소와 코끼리를 몰아낸 고사를 본받아 전라도의 해도에 두소서."

태종은 웃으면서 유정현의 진언대로 코끼리를 전라도 해도에 귀양을 보냈다. 그런데 몇 개월 후 전라도 관찰사가 보고를 올렸다.

"길들인 코끼리를 순천부 장도에 방목했는데 풀을 먹지 않아 날로 수척해지고 사람을 보면 눈물을 흘립니다."

그러자 태종은 코끼리를 불쌍히 여겨 다시 육지로 불러들여 기르게 했다. 코끼리가 섬으로 유배간 지 6개월 만이었다.

세월이 흘러 세종 2년인 1420년에 다시 코끼리가 『조선실록』에 등장했다. 전라도 관찰사가 코끼리 문제를 놓고 계를 올린 것이다.

"코끼리란 것이 쓸데없거늘, 지금 도내 네 군데 변방 지방관에게 명하여 돌아가며 먹여 기르라 하니 피해가 적지 않고 도내 백성들만 괴롭습니다. 청컨대 명하여 충청도과 경상도까지 돌아가면서 기르도록 하소서."

당시 태종은 상왕이었는데, 전라도 관찰사의 의견대로 코끼리를 충청도와 경상도까지 돌아가며 기르도록 명했다. 그러자 몇 개월 후 이번에는 충청도 관찰사가 계를 올렸다.

"공주에서 코끼리를 기르던 종이 채여 죽었습니다. 코끼리가 나

조선에서 귀양살이를 한 코끼리

태종 때 처음 우리나라에 등장한 코끼리는 추하게 생겼다며 괴롭힘을 당하다 사람을 죽게 만들어 귀양살이를 하고, 덩치가 커서 많이 먹는다며 천덕꾸러기가 되었다. 우리나라 최초의 코끼리는 낯선 환경에서 보호받지 못하고 쓸쓸히 사라졌다.

라에 유익한 것은 없고 먹이는 꼴과 콩이 다른 짐승의 10배가 되니 하루에 쌀 2말과 콩 1말씩, 일 년이면 쌀 48섬과 콩 24섬이 소비됩니다. 화를 내면 사람을 해치는 바, 이익이 없을 뿐더러 해가 될 뿐이니 바다 섬 가운데 있는 목장에 내놓으소서."

세종도 무척 곤란해져 코끼리를 좋은 곳에 내어 놓고 병들어 죽지 않게 하라는 명을 내렸다. 코끼리는 외딴섬으로 두 번째 귀양을 가게 되었다.

그 후 조선 땅을 처음 밟았던 코끼리는 더 이상 기록에 남아 있지 않다. 아마도 외딴섬에서 굶어 죽었을 가능성이 높다. 코끼리가 우리 자연 생태계에서 살아남으려면 사람들이 먹이를 주어야 한다. 그런데 그 많은 먹이를 어떻게 감당할 수 있었겠는가.

코끼리는 육지 동물 중 몸집이 가장 크다. 삼림이나 사바나에 주로 서식하는데 개발과 사막화로 살 곳이 없어지면서 코끼리들도 수가 줄고 있다.

위기에 빠진 동물들을 구하려면 제대로 된 환경을 제공하고 생태계를 관리해야 한다. 무분별한 개발이나 서식지와 맞지 않는 종 복원 사업으로 우리 생태계를 바르게 되살리지 못한다면 조선의 코끼리처럼 설 자리를 잃고 사라지는 동물들이 더 많아질 것이다.

눈은 빛에 반응해 시각 정보를 만드는 감각기관이다. 인간은 눈, 귀, 코, 혀, 피부 등 외부의 자극에 반응해 정보를 만드는 모든 감각기관 중에서 눈을 통해 얻는 것이 약 80퍼센트라고 한다. 그만큼 눈은 매우 중요한 역할을 한다.

우리는 흔히 '눈은 마음의 창'이라고 한다. 감정 상태나 각성 정도에 따라 눈동자와 눈빛이 달라지므로 서로 눈을 마주치며 교감한다. 오래전부터 과학자들이나 심리학자들은 안구운동을 추적하며 인간의 마음 작용을 연구하고 있다.

동물 또한 시각 정보를 얻는 눈이 중요한 역할을 한다. 때로는 눈의 움직임이나 눈빛으로 감정을 표현하며 친구와 적을 구별한다. 동물들에게 눈은 효과적인 의사소통 도구이다.

동물들은 눈 마주침이 중요하다. 가만히 눈을 마주치는 행동은 경계와 공격을 의미한다. 반대로 눈을 피하는 행동은 항복이나 권력에서 물러남을 의미한다. 동물들은 예리한 눈빛으로 환경을 파악하고 적과 친구를 구별한다.

나는 동물행동학자로서 여러 동물들의 행동을 관찰했는데, 그중 호랑이의 눈과 황새의 눈이 가장 인상 깊다. 상대를 직시하는 호랑이의 눈은 용맹 그 자체였다. 감히 범접할 수 없는 힘의 무게가 눈빛에 담겨 있었다.

황새의 눈은 영물다웠다. 우리 조상들이 왜 황새를 영물이라 불

경계하며 정면을 바라보는 호랑이

눈 마주치기는 경계와 공격을 담은 행동이다. 자칫 상대를 자극해 싸움으로 이어질 수 있기 때문이다. 호랑이도 인간과 눈을 마주치지 않으려 한다.

렸는지 알 수 있을 만큼 신비한 힘을 느꼈다.

'아는 만큼 보인다'는 말이 있다. 뒤집어 말하면 '보이는 만큼 안다'이다. 인간은 눈으로 사물을 감지하고 구별할 뿐만 아니라, 사물을 판단하는 힘까지 포함한다는 뜻이다. 그러니까 단순히 '사물을 본다'가 아니라 사물이나 현상을 관찰하며 생각의 깊이를 더해 '세상을 본다'는 것이다.

그렇다면 동물들은 어떨까? 동물마다 눈의 구조가 달라서 그들이 보는 세상은 우리가 보는 것과 다른 모습이다.

이제 단세포 생물부터 포유류까지 다양한 동물의 눈을 살펴보면서 눈이 어떻게 진화되어 왔는지 살펴보자.

단세포 생물인 유글레나도 눈은 있다. 작은 점처럼 생긴 안점(眼點)이다. 유글레나는 안점으로 명암만 구별할 수 있어 그들이 보는 세상은 빛과 어둠이 전부이다.

불가사리는 단세포 생물보다 한 단계 발달된 눈이 있다. 불가사리 몸 표면에는 눈에 해당되는 광세포가 퍼져 있는데, 그것으로 밝고 어두움을 구별한다.

해파리의 눈은 촉수 끝 부분에 있다. 시세포가 모여 있는 모양이 편평해서 평안(平眼)이라고 부른다. 해파리도 명암을 구분할 뿐 형태는 보지 못한다.

이런 원시적인 눈으로는 물체를 분간하지 못해 평안 가운데 움푹 파인 모양으로 거듭난 것이 바로 공안(孔眼)이다. 공안은 빛을 좀더 효율적으로 이용한다. 빛이 더 이상 모든 시세포에 똑같이 도달하지 않

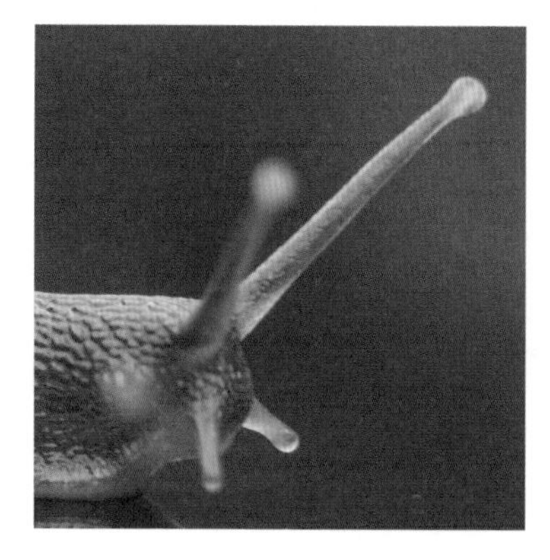
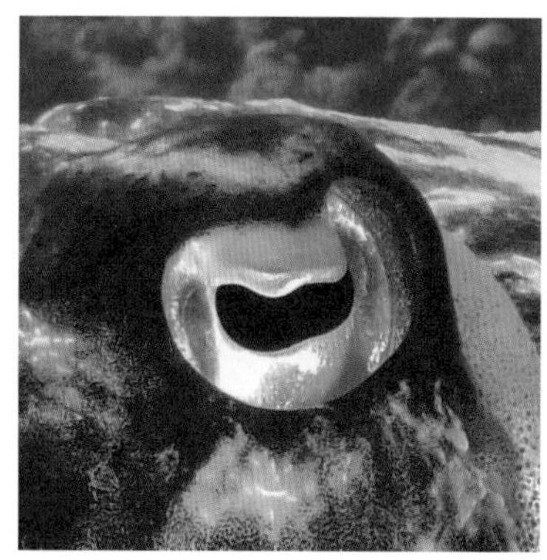

달팽이의 눈 (왼쪽) 명암과 방향을 감지하는 평안이다.
오징어의 눈 (오른쪽) 어둠상자와 같은 원리인 구멍눈에서 출발했다.

으므로 적이 어디서 오는지 방향을 감지할 수 있다. 달팽이는 수백만 년 동안 공안으로 살고 있다.

공안에서 가운데 홈이 깊어져 입구가 좁아지면 구멍눈이 된다. 구멍눈은 우리가 과학시간에 만들어 본 어둠상자와 같은 원리이다. 작은 구멍으로 빛이 들어오면 상은 거꾸로 맺힌다. 이곳에 맺힌 상은 약간 어둡기는 해도 비교적 선명하다. 두족류 중 하나인 앵무조개는 구멍눈이 있다. 앵무조개는 5억 년 동안 계속 구멍눈으로 세상을 보고 있다.

앵무조개와 친척인 오징어는 구멍눈으로 만족하지 못했다. 작은 피부 조직이 입구의 구멍 위를 덮게 된 것이다. 원래는 눈을 보호하기 위한 것이었는데, 나중에 부가 기능이 생겼다. 투명한 이 피부조직은 빛을 한 곳으로 모으는 렌즈 같은 수정체 역할을 한다. 눈은 이렇게 극적인 변화를 가져왔다. 오징어가 보는 상은 예리할 뿐만 아니라 앵무조개보다 훨씬 밝다.

광감각세포가 수정체로 이어지는 눈의 진화는 곤충이나 가재와 같은 갑각류에서 극적인 발달을 불러왔다. 곤충의 눈은 수없이 많은 홑눈들이 모여서 겹눈을 이루고 있다. 곤충들이 본 상의 선명도는 이 홑눈의 수에 비례한다.

파리는 약 4000개의 홑눈이 있지만 잠자리는 3만 개의 홑눈으로 이루어진 겹눈이 있다. 겹눈으로 보는 세상은 모자이크로 된 상이다. 파리가 보는 상은 해상도가 낮은 거친 모자이크이고, 잠자리가 보는 상은 해상도가 높은 고화질 영상이다.

겹눈은 매우 빠른 움직임을 감지한다. 인간의 눈은 1초당 약 25개의 장면을 소화하는데 파리의 겹눈은 약 250개의 장면을 소화한다. 만약 우리가 보는 영화를 파리가 본다면 움직이는 동영상이 아니라 정지된 사진을 보는 셈이다.

우리는 자외선을 볼 수 없지만 곤충들은 자외선을 본다. 우리 눈에 흰색으로 보이는 데이지가 꿀벌의 눈에는 파란색으로 보이고, 꽃잎 안쪽으로 갈수록 자외선은 더욱 강렬해진다. 꿀벌은 강렬한 자외선에 이끌려 꽃을 찾아다닌다.

물고기는 색을 구별한다. 시세포에 색을 구별하는 추상체가 있기 때문이다. 물고기 눈의 수정체는 구슬처럼 둥글어서 사물을 거의 360도로 볼 수 있다. 우리가 사용하는 카메라 중에 이와 같은 초광각 렌즈를 '어안렌즈'라고 부른다.

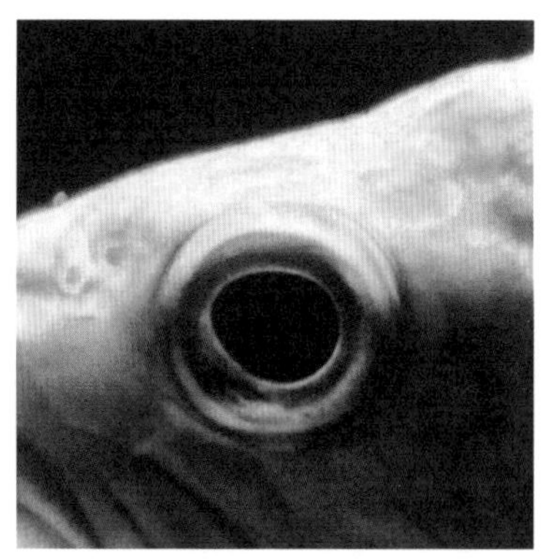

잠자리의 눈 (왼쪽) 여러 홑눈이 모인 겹눈이다.
물고기의 눈 (오른쪽) 수정체가 구슬처럼 둥글어 거의 360도로 본다.

그러나 물고기는 불과 1미터 이내의 사물만 볼 수 있다. 물고기의 구슬눈은 우리 눈의 수정체처럼 얇아지거나 두꺼워질 수 없어 먼 거리 사물에 초점을 맞출 수 없다. 마치 줌 기능이 없는 카메라처럼 가까운 사물만 또렷해지는 것이다.

개구리도 수정체의 굵기를 조절할 수 없어 마찬가지로 먼 거리까지 보기 어렵다. 대신 가까운 거리에서 빠르게 움직이는 물체를 볼 수 있어 날아다니는 파리를 우리보다 쉽게 잡을 수 있다. 만약 파리가 천천히 움직인다면 개구리는 전혀 보지 못한다.

뱀도 시력이 나쁘다. 구슬처럼 생긴 수정체를 앞뒤로밖에 움직일 수 없다. 하지만 눈 밑에 적외선 감지기가 있어 먹이동물들이 내뿜는 적외선을 감지한다.

조류와 포유류는 수정체의 굵기를 자유롭게 조절한다. 그래서 가까운 거리든 먼 거리든 초점을 맞춰 또렷하게 사물을 볼 수 있다. 참매나 독수리 같은 맹금류는 인간보다 3배나 멀리 본다.

인간은 풍경 전체를 한눈에 볼 수 없어 대상의 한 지점에 눈을 고정시켜 초점을 맞추고 본다. 그러나 하늘 높이 날아오른 참매는 나뭇가지와 풀숲 사이로 움직이는 쥐까지 뚜렷하게 포착한다. 인간은 물체의 상을 맺게 하는 황반이 망막 위쪽 한 군데이지만, 참매는 황반이 하나 더 있어 시야가 넓은 것이다.

조류가 색을 구별하는 능력은 인간 못지 않다. 그러나 개는 녹색을 옅은 노란색으로, 빨간색을 짙은 노란색으로 인식한다. 황소는 투우사의 붉은 망토를 빨간색으로 보지 못한다.

고양이의 눈은 망막세포에 추상체보다 빛의 밝기에 민감한 간상체가 훨씬 발달되어 있다. 그래서 인간보다 약 5배 많은 빛을 받아들인다.

고양이는 빛이 많은 낮에 동공을 길게 닫았다가, 동공을 크게 연다. 망막세포층 뒤에 있는 반사판이 희미한 빛을 반사시켜 망막세포를 한 번 더 자극해 밤에도 잘 볼 수 있다. 밤에 고양이의 눈이 빛을 내는 것은 바로 반사판에서 반사된 빛 때문이다.

우리가 보는 세상과 동물들의 눈으로 보는 세상은 다르다. 저마다 눈의 구조가 다르고 처한 환경이 달라서 같은 세상을 다르게 보는 것이다.

인간 사회로 눈을 돌려 보면 저마다 처한 환경과 하는 일에 따라 세상을 보는 눈이 다를 수밖에 없다. 세상을 보는 관점이 서로 다름을 인정하면 이해와 변화가 더욱 순조롭게 진행될 수 있다.

갈매기섬이 그립다

28년 전 나는 괭이갈매기를 연구하기 위해 경상남도 통영시에 있는 홍도에 갔다. 통영에서 2시간 반쯤 어선을 타고 가면 서쪽 노을에 붉게 보이는 홍도가 눈앞에 들어온다. 기암 절벽이 절경인 홍도는 섬 전체가 천연기념물로 지정된 신비의 섬이다.

홍도는 사람이 살지 않는 무인도라서 오래전부터 괭이갈매기의 낙원이 되었다. 그래서 나는 이 섬을 '갈매기섬'이라고 부른다. 괭이갈매기들은 해마다 3월이 되면 번식을 위해 홍도를 찾아오고 8월이면 성장한 새끼들과 섬을 떠난다.

나는 비탈진 바위벽에 둥지를 튼 괭이갈매기들이 잘 보이는 곳에 위장막을 설치했다. 괭이갈매기들은 암수가 짝을 이루어 1~2미터 남짓 거리를 두고 둥지를 튼다.

흔히 조류를 뛰어난 건축가라고 부르지만 괭이갈매기는 그렇지 못하다. 마른 풀잎을 조잡하게 깔아 가슴으로 눌러 밥그릇만 하게 만든 것이 전부이다. 둥지에 뚜껑은 없어도 알들이 어두운 갈색에 짙은 점무늬로 뒤덮여 포식자의 눈에 띄기는 쉽지 않다.

그렇게 나는 위장막 가까이에서 다리가 하나뿐인 괭이갈매기를 만났다. 외다리 괭이갈매기는 수컷이었다. 처음에는 다리 하나를 몸속에 감추고 있는 줄 알았다. 그런데 암컷 등에 한 다리로 올라서서 두 날개를 펼친 채 균형을 잡으려 애쓰며 짝짓기를 시작했다.

괭이갈매기들은 짝짓기를 할 때 암수 사이에 정확한 의식이 있어야 한다. 암컷이 수컷에게 다가가 머리를 몸속에 집어넣고 고개를 위아래로 흔들어 신호를 보낸다. 이때 암컷의 부리가 수컷의 부리 위로 올라가면 안 된다. 이것은 일종의 복종 자세로 상대에게 짝짓기를 요구할 때 나타나는 의식 행동이다.

외다리 괭이갈매기의 짝짓기는 시간이 갈수록 더욱 잦아지고 암컷은 고개를 위아래로 흔들며 목쉰 소리를 냈다. 암컷의 이런 행동에 수컷은 대개 두 가지 반응을 한다. 배 속에 남은 물고기를 게우거나, 수컷도 함께 고개를 위아래로 흔들어 굵은 목소리를 낸다. 수컷이 먹이를 게우는 것은 암컷의 마음을 사기 위한 일종의 선물인 셈이다.

가끔 암컷이 먹이를 달라고 신호를 보내는데도 성급한 수컷이 먹이를 게워내지 않고 곧장 짝짓기하려 할 때가 있다. 이럴 때 대부분의 암컷은 짝짓기를 거절한다. 암컷은 등 위에 올라탄 수컷이 균형을 잃도록 몸을 흔들어 거절 의사를 밝힌다. 위장막에서 관찰하다 보면 이런 몸싸움을 자주 볼 수 있다.

그런데 외다리 괭이갈매기는 암컷과 이런 몸싸움이 없었다. 암컷이 소리를 내면서 고개를 흔들어 보이자 외다리 괭이갈매기는 한 다리로 껑충껑충 뛰어 다가가 물고기 한 마리를 통째로 게웠다. 암컷은 이를 재빨리 받아먹고 수컷의 사랑을 확인했다.

몇 번의 짝짓기를 마친 외다리 괭이갈매기 부부는 둥지에 알을

한쪽 다리가 없는 외다리 괭이갈매기

수컷 괭이갈매기는 다리가 하나뿐이었는데 어떤 수컷보다 건강해 보였다.
가파른 절벽 위에서 한 다리로 서 있는 모습이 안정적이며 늠름했다.

낳고 건강하게 새끼 2마리를 부화했다. 비록 다리가 하나뿐이었지만 외다리 괭이갈매기는 어떤 괭이갈매기보다도 가장의 역할을 충실히 해냈다. 하루에도 몇 번씩 높이 날아올라 아내와 새끼들을 위해 부지런히 먹이를 구했다.

그 후로도 나는 괭이갈매기를 비롯해 수없이 많은 동물들을 관찰했지만 홍도에서 마주친 외다리 괭이갈매기만큼 인상 깊지 않았다. 장애가 있다 하여 포기하는 것 없이 최선을 다해 자신의 몫을 다하는 모습이 당당해 보였기 때문이다.

초원의 왕 사자

사자는 힘이 세고 사냥 솜씨가 뛰어나 동물의 왕, 태양의 상징, 동물의 신으로 불린다. 고대 이집트 왕들은 전쟁에 사자를 데리고 다니며 승리의 상징으로 삼았으며, 사자 사냥을 스포츠로 즐겼다.

또한 사자의 초자연적인 힘을 믿는 신화가 지금까지 이어져 어떤 사람들은 사자 고기를 먹거나 모피를 몸에 두르면 힘이 되살아나고 병이 씻은 듯 나으며 나아가 불사신이 된다고 믿는다.

사자는 동물의 왕이라 불릴 만큼 힘이 세다 보니 어떤 사람들은 호랑이와 견주어 누가 더 힘이 센지 설왕설래한다. 유감스럽게도 자연에서 사자와 호랑이가 만나 힘을 겨룰 일은 없다. 사자는 아프리카 초원에 살지만 호랑이는 시베리아와 인도 반도의 밀림에 살고 있기 때문이다.

사자는 호랑이처럼 고양잇과 동물이다. 고양잇과 동물들은 대부분 혼자 사냥하며 단독 생활을 한다. 그러나 사자는 다른 고양잇과 동물들과는 다르게 무리를 지어 생활한다. 물론 호랑이나 표범, 치타, 퓨마, 재규어 등도 혼자 다니다가 두세 마리씩 떼를 지어 생활하기도 하는데, 사자의 무리 생활은 그것과 다르다.

사자는 평균 15마리가 하나의 가족을 이루며 산다. 보통 1~6마리의 성숙한 수컷과 그보다 많은 4~12마리의 성숙한 암컷과 새끼들이 한 가족이다.

암사자들의 협동은 어느 동물에서도 찾아볼 수 없을 만큼 완벽하다. 암사자들은 서로 흩어져 매복했다가 동시에 먹이를 습격해 사냥한다. 암사자들은 또한 자기 새끼뿐만 아니라 다른 암컷이 낳은 새끼에게도 젖을 먹인다.

암사자들의 상호 협력 체제가 굳건한 것은 무리 구성원들이 모두 혈연으로 맺어졌기 때문이다. 무리 안의 새끼들은 어느 정도 자신과 같은 유전자를 지닌 셈이라 한 가족으로 돌보는 것이다.

암사자들은 주로 험한 일을 도맡아 한다. 무엇보다 무리를 먹여 살리는 사냥이 암사자들의 몫이다. 암사자들은 물소나 얼룩말, 기린, 영양 같은 몸집이 큰 동물을 잡아 무리에게 먹인다.

가장 힘이 세고 나이가 많은 수사자는 무리의 가장으로서 직접 사냥에 나서지 않는다. 하지만 암사자들이 완벽한 협동으로 사냥해 온 먹잇감을 먼저 차지해 자신이 가장 높은 서열임을 내세운다.

사자 가족

사자는 고양잇과 동물 가운데 유일하게 무리 생활을 한다. 수컷 한 마리가 여러 암컷을 거느리며 생활하는 하렘과는 달리 소수의 수컷과 다수의 암컷 그리고 새끼들이 한 가족을 이룬다.

사자들의 식사는 우두머리 수사자부터 시작한다. 우두머리 수사자가 배부르게 식사를 마치고 먹잇감에서 물러나야 나머지 사자들의 식사 차례가 된다. 식사 순서는 배고픔과 힘으로 정한다. 으르렁대면서 힘으로 달려드는 배고픈 사자들에게 밀려 어리고 약한 사자들은 겨우 앙상한 뼈와 살점만 맛볼 뿐이다.

이렇게 식사 때에만 조금 다툴 뿐, 사자 무리는 거의 평화롭게 지낸다. 그러나 사냥감이 적어 먹이를 구하기 힘들어지면 다툼이 좀더 심각해진다. 때로는 먹이가 부족해 어린 사자들의 몫이 거의 남지 않게 된다.

환경 파괴와 사막화로 인해 초식동물들이 살아남기 힘들어지자 아무리 동물의 왕이라 해도 먹이 사냥이 쉽지 않다. 그래서 아프리카 초원에서는 어린 사자들이 굶어 죽는 일이 빈번하게 일어난다.

그러나 살아남은 사자들만으로도 종족을 보존하는 데 충분하다. 동물들은 자연환경에 맞추어 종족의 수가 폭발적으로 늘지 않도록 스스로 조절하고 있다.

수사자는 영아 살해자

사자 가족은 암수의 짝짓기에서 시작된다. 수사자들은 암사자를 놓고 다투지 않는다. 암사자를 먼저 만난 수사자가 우선권을 갖는 일종의 신사 협정을 맺기 때문이다.

짝짓기를 하는 암수 한 쌍은 먼저 서로 머리를 비비고 냄새를 맡는다. 그러다가 암사자가 엎드리면 수사자가 암사자의 등 위로 올라가 가볍게 누르는 듯한 자세를 잡으며 짝짓기를 한다.

이때 암사자가 갑자기 뒤돌아보면 수사자는 소리 내어 위협하다가도 재빨리 암사자에게서 내려온다. 그렇지 않으면 암사자에게 얻어맞기 때문에 수사자는 늘 암사자의 비위를 맞추어야 한다. 대개 암사자의 발정기는 2주 정도 지속되고, 그 기간 동안 하루에 수십 번씩 짝짓기를 한다.

짝짓기가 끝나고 대략 14주의 임신 기간이 지나면 2~3마리의 새끼가 태어난다. 새끼 사자들은 다른 육식 동물의 새끼들과 마찬가지로 몸집이 작고 힘이 없다.

처음 6주 동안 어미 사자는 새끼 사자들만 덤불 속에 남겨 두고 사냥을 떠난다. 어미가 없는 동안 힘 없는 새끼 사자들은 하이에나 같은 맹수의 위협을 받거나 병에 걸려 목숨을 잃기도 한다.

생후 6주가 지나면 새끼 사자들은 어미 사자 뒤를 따라다닐 수 있을 만큼 충분히 성장한다. 그리고 정식으로 사자 무리에 가족으로 받아들여진다.

사자 무리에 정식으로 들어온 새끼 사자들은 어미 사자뿐만 아니라 다른 암사자들에게 날마다 젖을 얻어먹고 자란다. 이렇게 젖을 충분히 먹으면 어린 사자들은 암사자들이 사냥을 나갔다 돌아올 때까지 굶주리지 않게 된다.

생후 6개월이 넘으면 새끼 사자들은 서서히 어미 사자가 사냥해

온 고기를 먹기 시작한다. 새끼 사자들이 2년 정도 어미 사자에게 의존해 자란 다음 몸집이 거의 완전하게 성숙해지면 비로소 무리의 사냥에 참여할 수 있다.

그러나 새끼 사자들 가운데 수컷들은 다 자라면 가족들과 이별해야 한다. 어린 수사자가 성장하면 가족의 가장인 수사자가 쫓아내는 것이다. 한 가족 내에 가장은 하나만 있으면 충분하므로 수컷 구실을 할 나이가 되면 떠날 수밖에 없는 것이다.

자기가 태어난 가족에게서 쫓겨난 젊은 수사자들은 여러 해 동안 방랑 생활을 한다. 이들은 혼자 사냥을 다니면서 건강한 청년으로 성장한다. 운이 좋아 떠돌이 생활을 하는 암사자를 만나면 새로운 가정을 꾸밀 수 있고, 가끔 가장이 죽은 사자 무리를 만나면 그 가족을 넘겨 받기도 한다.

그러나 대개 자기가 태어난 무리의 가장이 나이가 들어 힘이 없어지면 젊은 수사자가 늙은 가장을 몰아내고 그 자리를 차지한다. 쫓겨난 늙고 힘없는 수사자는 더 이상 혼자 사냥할 수도 없어서 결국 죽고 만다.

이렇게 젊은 수사자가 가족의 새 가장이 되면 얼마 동안 끔찍한 일이 벌어진다. 새로 가장이 된 수사자가 어린 새끼들을 하나둘씩 죽이기 시작하는 것이다.

처음에는 사자의 잔인한 영아 살해가 동물학자들에게 큰 수수께끼였다. 다른 포유류들은 같은 종의 어린 새끼들을 죽이는 일이 없기 때문이다. 그러나 여러 해에 걸쳐 사자 무리의 생활을 관찰한 결과 다

수사자의 위엄

수사자의 갈기는 수사자들끼리 싸움을 할 때 목을 보호하는 기능을 하지만 무엇보다 수컷들간의 경쟁을 통한 선택의 결과물이다.

음과 같은 사실이 밝혀졌다.

무리를 지배하게 된 시점에서 새끼 사자를 죽이면 젊은 수사자는 자신의 유전자를 그만큼 많이 남길 수 있다. 수사자가 무참히 죽이는 새끼 사자들은 자신의 새끼들이 아니다. 새끼를 잃은 암사자들은 다시 짝짓기를 준비한다. 암사자들은 수유 중인 새끼가 죽으면 훨씬 더 빨리 발정기를 맞이해 곧바로 임신할 수 있기 때문이다. 그러면 새로 가장이 된 젊은 수사자는 자신의 유전자로 번식할 수 있다.

현대 사회생물학에서 이것을 '영아 살해'라고 부른다. 정복자들이 영아를 죽임으로써 정복자의 유전자 확산을 촉진시키는 것이다.

얼룩말의 하렘 사회

아프리카에 건기가 찾아오면 나미비아의 에토샤국립공원은 아프리카 동물들의 만남의 광장이 된다. 그곳에는 동물들이 물을 마실 호수가 있기 때문이다. 멸종위기의 야생동물을 비롯해 다양한 동물들이 몰려와 에토샤국립공원은 1907년에 야생 보호 구역으로 지정되었다가 1967년에 국립공원이 되었다.

에토샤국립공원의 호수는 공원 전체 면적의 약 23퍼센트를 차지할 만큼 넓다. 그래서 다양한 동물들이 몰려들어 물을 마신다. 얼룩말도 예외 없이 물가를 찾는다.

먼저 척후병 역할을 하는 암컷 얼룩말 한 마리가 포식자가 없는

지 확인하고, 안전이 확인되면 그 다음 열 마리 정도씩 떼를 지어 모여들면서 순식간에 물가는 수백 마리의 얼룩말로 붐비게 된다.

그런데 이때 새끼 얼룩말들은 물가에 다가오지 않는다. 아직 어미 젖을 먹고 있기 때문이기도 하지만, 물가로 모여든 얼룩말들이 매우 거칠어 자칫 깔려 죽을 수 있기 때문이다. 어린 얼룩말들은 2~3미터 떨어진 곳에서 어미가 물을 마시고 돌아올 때까지 기다린다.

얼룩말들은 초식동물 중에서도 가장 겁이 많기로 소문났다. 그러다 보니 시각과 후각이 예민하다. 얼룩말들은 물가에 떼로 몰려들어 정신없이 물을 마시면서도 귀와 눈은 늘 주위를 살핀다. 그러다 한 마리가 조금만 움찔하면 수백 마리의 얼룩말들이 먼지를 일으키며 도망간다. 이때 도망 거리는 몇 미터 정도여서 안전하다 싶으면 다시 물가로 돌아온다.

얼룩말은 소리로 의사소통을 한다. 어미 얼룩말은 떨어져 있는 새끼 얼룩말을 부를 때 부드럽게 울고, 위험을 알릴 때는 크게 운다. 암컷 한 마리를 놓고 여러 수컷들이 경쟁할 때 수컷들은 울음소리로 위세를 과시한다. 그러다 싸움으로 진전될 듯하면 수컷들은 끽끽거리며 운다.

얼룩말은 고도로 발달된 사회생활을 한다. 어른 수컷 1마리가 어른 암컷 2~3마리와 함께 가족을 이루어 평생 변하지 않는 무리를 이룬다. 얼룩말의 이런 무리 생활을 '하렘'이라고 한다.

어른 수컷 한두 마리와 암컷 여러 마리와 새끼들로 대가족을 이루는 사자와는 달리 얼룩말의 하렘은 규모도 작고 무리 안에서 수컷

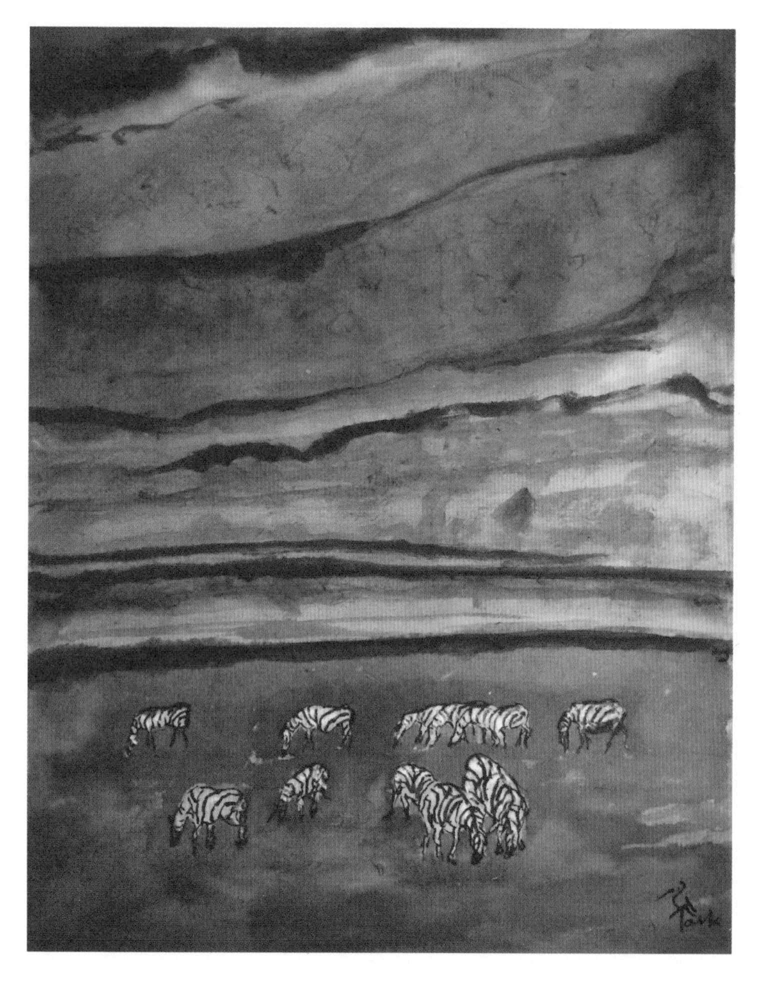

얼룩말 무리

얼룩말은 일부다처제인 하렘 생활을 한다. 대개 1마리의 수컷과 여러 암컷이 하렘을 이루는데, 이들의 관계는 평생 이어진다.

이 경쟁하는 일도 없다. 말하자면 하렘은 일부다처제 집단이다. 바다사자나 바다표범들도 이런 하렘 생활을 한다.

얼룩말들은 각각의 하렘마다 독자적인 행동권이 있다. 각 하렘은 행동권이 겹치지 않도록 대량의 배설물 더미로 세력권의 경계를 표시한다. 수컷은 자신의 행동권 안에 방황하는 암컷이 들어오면 짝짓기할 권리를 갖는다.

물론 서식지가 같다 보니 가까운 곳에서 다른 하렘의 행동권과 부분적으로 중복되는 경우가 많다. 만약 아프리카의 초원에서 수십 마리의 얼룩말 떼를 발견한다 해도, 그것은 아마 서로 가까운 하렘들이 서로 엄격한 규칙에 따라 생활하는 것이다.

다른 동물들의 하렘은 집단 내에서 딸이 어미와 함께 무리에 남아 모계 혈연 집단을 만든다. 그러나 얼룩말의 하렘은 혈연 관계가 없는 개체들이 모여 무리를 이룬다. 새끼 얼룩말들은 독립할 나이가 되면 암수 모두 태어난 곳을 떠난다.

암컷 얼룩말은 성적으로 성숙해지는 2살 정도가 되면 무리를 떠난다. 이때 가까운 하렘의 수컷이나 독신인 수컷이 암컷을 차지하기 위해 찾아온다.

수컷은 3살이 되면 무리를 떠나 독신 수컷 무리에 들어간다. 젊은 수컷들은 독신 무리 속에서 여러 해 동안 힘을 기른 다음 비로소 자신의 하렘을 거느리게 된다.

3부

생물다양성의 지속가능성

노래를 잘하는 새가 면역체계가 약하다?

우리나라 여름 숲은 여름철새들이 지저귀는 아름다운 소리로 가득하다. 과연 어떤 새들일까 궁금해서 살펴보려 해도 우거진 숲속에서 노래를 부르는 새들을 우리 눈으로 관찰하기는 쉽지 않다.

우리는 비록 노래하는 새들을 알아채지 못해도 명금류들은 소리만 듣고 자신의 짝을 찾아 반응한다. 수컷 새들이 경쟁하듯 구애하는 노래를 목청껏 부르면, 암컷은 그중 가장 멋지게 노래하는 수컷을 골라 짝으로 맞이하는 것이다.

암컷이 노래를 잘하는 수컷을 선택하는 이유는 건강하고 더 많은 자손을 낳기 위해서이다. 노래를 잘 부르는 수컷은 그렇지 못한 수컷에 비해 질병 저항력이 더 크다는 것이 명금류를 연구하는 전문가들의 주장이다.

그러나 최근에는 명금류들의 노랫소리가 환경에 영향을 받는다는 사실이 알려지면서 환경 오염에 대한 경각심이 커지고 있다. 어떤 명금류들은 환경 오염으로 인해 예전보다 노래를 더 잘하고, 반면에 어떤 명금류들은 음치가 된다.

암컷 찌르레기는 노래를 잘하는 수컷 찌르레기를 좋아한다. 하지만 최근에 노래 잘하는 수컷 찌르레기들이 면역체계가 약하다는 것이 확인되었다. 건강한 짝을 찾기 위해 노래 잘하는 수컷을 찾는 이유가 무색해지는 것이다.

영국 남서부 작은 마을에 있는 하수처리장에 찌르레기들이 단골로 찾아온다. 그곳에 먹이인 지렁이들이 많기 때문이다. 하수처리장에 사는 지렁이들은 수분이 날아간 뒤 남은 농도 짙은 슬러지(침전물)를 먹고 자란다.

영국을 비롯한 수많은 하수처리장에 서식하는 지렁이들과 여러 무척추동물들은 슬러지를 먹고 자라 몸속에 천연 및 합성 에스트로겐을 비롯한 환경 오염 물질이 가득하다. 그중 플라스틱 젖병이나 1회용 물병 등에서도 발견되는 바이페놀A(BPA)는 수컷이 암컷의 성질을 갖게 되는 자성화(雌性化) 화학 물질이다. 이 화학 물질은 동물 체내의 실제 호르몬을 흉내내어 뇌에서 생식선에 이르기까지 신체기관 발달에 문제를 일으킨다.

연구자들은 어린 수컷 찌르레기들을 잡아 각각 화학 혼합물을 먹고 자란 지렁이와 그렇지 않은 지렁이를 먹이며 대조 실험했다. 그 결과 화학 혼합물 지렁이를 먹은 수컷들은 대조군에 비해 훨씬 더 자주, 더 길게 노래했다. 노래 레퍼토리 또한 오염된 지렁이를 먹은 수컷이

해바라기 꽃밭에서 노래 부르는 꾀꼬리

노래 잘하는 새로 유명한 꾀꼬리는 다양한 노래 레퍼토리가 있다. 여름이면 잎이 우거진 활엽수 나뭇가지에 둥지를 틀고 노래를 부르며 짝을 찾는다.

일반 지렁이를 먹은 수컷보다 두 배나 다양했다.

오염 물질 속에서 자란 지렁이를 먹은 수컷 찌르레기들은 자성화 호르몬에 노출되어 뇌의 목소리 중추가 커졌던 것이다. 모든 명금류들의 목소리 중추에는 에스트로겐 수용체가 풍부하다. 발달 초기 에스트로겐이 뇌의 목소리 중추 발달에 아주 중요하기 때문이다.

오염된 먹이로 자성화 호르몬에 노출된 수컷 찌르레기는 생후 1년이 되면 목소리 중추가 커져 좀 더 복잡한 노래를 부를 수 있다.

에스트로겐은 면역 억제 물질로 노래를 잘하는 수컷들의 면역체계를 약하게 만든다. 말하자면 예전에는 암컷들이 건강한 배우자를 찾기 위해 당연히 노래 잘하는 수컷을 선택했는데, 요즘에는 노래 잘 부르는 수컷들이 오히려 생식 기능이 떨어져 번식하기 쉽지 않다.

반면에 중금속에 노출된 새들이 음치로 변하기도 한다. 노래를 잘하지 못하면 아예 배우자를 만날 수 없다. 벨기에의 연구자들은 박새를 대상으로 수컷 명금류들의 노래가 산업 오염에 영향을 받는지 연구했다.

벨기에 연구 팀은 거대한 금속 제련소 근처에 서식하는 수컷 박새들과, 그곳에서 불과 4킬로미터 떨어진 바람이 불어오는 방향에 서식하는 수컷 박새들의 새벽 합창을 녹음해 비교했다.

금속 제련소에서는 다량의 오염 물질을 뿜어냈다. 그곳에 서식하는 박새들의 깃털에는 납과 카드뮴이 많아서 바람이 불어오는 방향에 서식하는 새들에 비해 약 20배나 되었다. 두 대조군 모두 몸 상태가 좋았지만, 납과 카드뮴에 오염된 수컷 박새들의 목소리는 약해졌다.

오염된 곳에 사는 수컷 박새들은 새벽 합창을 하는 기간이 33퍼센트 짧아졌고, 노래 음절도 2~4개였다. 반면에 바람이 부는 방향으로 깨끗한 곳에 서식하는 수컷 박새들은 노래 음절이 최대 8개였다. 결국 오염된 곳에 사는 수컷 박새들은 생김새는 정상이었지만 음치여서 암컷에게 선택받지 못하고 홀아비로 살아갔다.

'탄광의 카나리아'라는 말이 있다. 광부들이 탄광에서 뿜어져 나오는 유독 가스를 피하기 위해 카나리아를 데리고 갱도로 내려간 일에서 비롯된 말이다.

일산화탄소는 무색무취여서 일하다가 자기도 모르게 질식사할 수 있는데, 체구가 작아 대사 활동이 빠른 카나리아는 사람보다 먼저 일산화탄소에 반응했다. 그래서 카나리아가 횃대에서 떨어지면 광부들은 유독 가스를 피해 갱도를 탈출했다.

그런데 요즘은 탄광의 카나리아가 횃대에서 떨어지는 모습에서 위기감을 느낄 것이 아니라, 새들의 노랫소리 변화에서 환경 오염 문제를 살펴야 할 듯하다.

참새 한 마리의 몸값은 얼마나 될까?

경제 사회에서 모든 가치는 돈으로 환산된다. 동물들도 예외는 아니다. 이와 관련해 2013년 서울대공원 동물원에서 동물들의 몸값을 발표해 흥미를 끌었다. 동물원에 따르면 로랜드고릴라는 10억 원, 오랑

우탄은 3억 원, 아프리카코끼리 2.5억 원, 황새 2억 원, 호랑이 1000만 원, 사자 150만 원 등이었다.

동물의 왕인 사자나 호랑이가 상대적으로 몸값이 낮은 이유는 무엇일까? 야생에 남아 있는 개체수가 로랜드고릴라나 우랑우탄보다 많기 때문이다. 로렌드고릴라는 전 세계에 300~400마리밖에 남지 않은 멸종위기종이다. 이처럼 '멸종위기에 처한 야생 동식물의 국제 거래에 관한 협약(CITES)'에서는 멸종위기 심각성에 따라 CITESI, CITESII, CITESIII으로 구분해 동물들의 값을 매긴다.

그렇다면 참새 한 마리의 몸값은 얼마나 될까? 옛날 포장마차에서 팔던 참새구이는 불과 몇백 원 정도였다. 그러나 참새 한 마리가 생태학적으로 인간에게 가져다주는 가치를 평가한다면 값이 달라진다.

독일의 유명한 환경생태학자 프레데릭 베스터 박사는 참새 한 마리의 값을 1357유로(약 180만 원)로 계산했다.

베스터 박사의 계산 방법은 이렇다. 우선 참새의 뼈와 고기 무게 값은 480원이다. 참새가 사람들에게 소리로 즐거움을 주는 정서적 가치를 1년치 신경안정제 값으로 환산하면 약 4만 원 정도이다.

참새 한 마리가 1년에 해충 10만 마리를 구제한다고 칠 때 그중 약 6만 마리는 사람이 방제해야 할 몫으로 계산해서 참새 한 마리의 해충 구제 비용은 6만 원 정도이다. 또 씨앗 살포자로서 참새 한 마리가 1년에 나무 한 그루를 퍼뜨릴 때 사람이 나무를 심는 데 드는 인건비로 계산해 보면 8만 원이다.

그밖에 환경 감시자, 공생 파트너, 기술 개발과 생물다양성에 대

참새와 해바라기

해바라기가 활짝 핀 정원 담 위에 참새 한 마리가 앉았다. 참새는 환경 감시자이자 공생 파트너, 생물다양성에 대한 기여 등으로 인간에게 매우 가치 있는 새이다.

한 기여 등을 모두 합하면 40만 원 정도이다. 참새의 평균 수명을 따져 보면 참새 한 마리의 몸값은 약 180만 원이라는 계산이 나온다.

골프장 27홀을 만들 때 골프장 면적인 148만 제곱미터에 사는 새들의 종수와 마리 수를 베스터 박사의 셈법으로 계산해 보면 약 200억 원이 넘는다.

새들이 사는 나무 한 그루가 인간에 미치는 사회생태적 값은 연간 약 220만 원이다. 이것은 목재 값과 나무의 해독 작용, 정화 작용, 홍수 방지를 계산한 값이다. 만약 골프장을 만드느라 베어 낸 나무의 사회생태적 값까지 넣는다면 골프장 27홀 크기의 가치는 적어도 수십 조 원이라는 계산이 나온다.

그러나 개발이라는 눈앞의 이익만을 생각하느라 그것에 희생되는 자연의 가치를 평가하거나 아는 사람이 없다. 새 한 마리와 나무 한 그루의 사회생태적 가치는 본래의 물질적인 가치보다 훨씬 크다는 인식과 사회 공감대가 너무 아쉽다.

지금 우리는 개발이라는 미명 아래 다양한 생물들의 서식지를 무분별하게 파괴하고 있다. 장마철 산사태나 제방 붕괴가 이런 난개발과 무관하지 않다는 점도 다시 한 번 돌아봐야 한다.

최근 유엔 산하의 '기후 변화에 관한 정부간 협의체(IPCC)'는 지구 온난화로 인해 곧 지구가 재앙을 맞이하게 될 것이라고 경고했다. 이 재앙을 막는 방법은 이산화탄소 배출을 줄이거나 지구 스스로 이산화탄소의 자정 능력을 갖출 수 있게 만드는 것이다.

'지구의 허파'인 아마존 열대우림은 물론 각 나라의 숲들이 더 이상 파괴되지 않도록 보호해야 한다. 거기에 더해 화석 연료를 줄이고 생물자원을 보전하는 데 힘써야 한다.

나무를 베고 푸른 잔디로 대신한 골프장들은 지구의 재앙을 앞당길 뿐이다. 해마다 지구에서 여의도 면적의 70배가 넘는 산과 들이 사라지는 것을 막아야 비로소 재앙을 막을 수 있다.

건강한 숲과 들에서 다양한 생명들이 그물처럼 서로 얽혀 살아갈 때 우리의 생명도 안전할 수 있다.

비버의 건축술은 자연 생태계도 바꾼다

새들이 솜씨 좋은 건축가라지만, 가장 복잡하고 섬세한 집을 짓기로는 비버를 따를 수 없다. 비버는 물속에서 살아갈 수 있도록 적응된 설치류이다. 머리에서 꼬리까지의 길이는 약 1.3미터이고 몸무게는 약 30킬로그램으로 설치류 가운데 가장 크다.

앞다리에는 땅을 팔 수 있는 튼튼한 발톱이 있고 뒷다리에는 물갈퀴가 있다. 그리고 다른 설치류가 그렇듯이 나무를 잘 갉을 수 있는 튼튼한 앞니가 있다.

비버는 강 한가운데에다 나뭇가지와 흙으로 댐을 쌓듯이 집을 짓는다. 비버가 강에 댐을 만들면 강물이 거꾸로 흘러 강바닥에 차츰 흙이 쌓인다. 그렇게 오랜 시간이 지나면 쌓인 흙더미에서 식물들이 자라고, 다시 시간이 흘러 식물들이 말라죽어 생기는 부식토층이 발달

집 짓는 비버들

비버들이 댐을 쌓듯이 지은 집은 물을 거꾸로 흐르게 해 습지와 비옥한 목축지를 만든다. 이 그림은 외국의 동물원에서 투명 유리창으로 비버가 집 짓는 모습을 관람할 수 있게 꾸민 반야생 전시관 사진을 찍어 재구성했다.

한다. 부식토층은 더 많은 식물들이 자랄 수 있는 자양분이 된다.

비버가 만든 댐으로 습지가 생겨나고, 습지는 또다시 비버에 의해 비옥한 목축지가 된다. 실제로 캐나다 몬트리올 지역에는 이렇게 해서 비버 목장이 생겨났다. 미국 중부와 북부에 자리한 비옥한 땅들도 대부분 비버 덕분에 만들어졌다.

비버는 집을 지을 때 가장 먼저 거실부터 만든다. 강가 모랫둑을 이용해 물속에서 구멍을 뚫고 올라온다. 그러고는 튼튼한 앞니로 나무를 잘라 건축 자재로 쓰는데, 땅속에 통나무 몇 개를 세워 댐의 지지대를 만든 다음 잔가지를 쌓아올린다.

이렇게 나뭇가지를 계속 쌓아올리면 거실이 물 위로 올라온다. 거실 입구는 물 표면에서 대략 50~60센티미터 아래인 물속에 있는데, 이는 포식자의 침입을 막기 위한 비버의 독특한 건축 공법이다. 물론 물 위 댐 주변은 흙으로 덮고 거실 천장은 환기를 위해 그대로 남겨둔다. 비버의 건축 기술은 포유류 가운데 가장 뛰어나다.

가을철이 되면 비버는 집 수리에 바쁘다. 나뭇가지와 흙을 입으로 물고 와 거실을 새로 단장하고, 밀렸던 쓰레기도 깨끗하게 치운다. 그리고 추운 겨울에 먹이로 쓸 나무껍질들을 주워다가 거실 한쪽에 쌓아 둔다.

역사적으로 비버만큼 인간의 경제에 커다란 영향을 미친 야생동물은 없다. 비버는 한때 유럽 전역과 영국에 살았다. 그러나 사람들이 숲을 베어내고 비버 가죽이 비싼 값으로 거래되면서 점점 줄어들기 시작했다. 유럽의 왕과 귀족들은 비버의 털로 만든 모자를 좋아해 한

때 비버 가죽이 양가죽보다 120배나 비싸게 거래되었다.

신대륙 탐험은 모피 거래를 통해 더욱 활발하게 이루어졌다. 18세기에서 19세기 초 유럽에서는 다시 비버 모자가 크게 유행했다. 동물의 털에 습기, 열, 압력을 가해 만든 펠트 모자를 누구나 쓰고 다녔는데, 특히 비버의 털로 만든 펠트 모자가 인기였다. 이렇게 비버의 수요가 높아지자 모피 상인들은 신대륙으로 눈을 돌려 비버 가죽을 사들이기 시작했다.

비버를 잡을 수 있는 지역에 대한 권리를 둘러싸고 전쟁이 일어나기도 했다. 영국이 프랑스를 이겨 북아메리카 북부의 지배권을 손에 넣었던 1754~1763년의 프랑스-인디언 전쟁이 대표적인 예이다. 비버 가죽과 바꾸어 얻은 철기류 같은 새로운 도구들은 인디언들의 삶과 신대륙의 자연환경을 급격하게 바꿔 놓았다.

무분별한 포획으로 비버는 영국에서 일찌감치 멸종되었다. 그러나 2020년 영국 BBC 방송은 멸종된 지 400년 만에 비버를 재도입한다는 뉴스를 전했다. 2013년 영국 데번 주 오터 강에서 새끼와 함께 있는 어른 비버를 발견한 뒤 7년 만에 15마리로 늘어난 비버 가족에게 영주권을 주기로 한 것이다. 데번야생동물재단은 "영국의 야생 생태계에 대한 가장 획기적인 결정"이라며 환영했다.

여기서 우리가 주목해야 할 것은 영국이 비버 재도입 사업을 하면서 보여주기식 건물이나 놀이시설을 짓지 않는다는 점이다. 당시 레베카 포 영국 환경부 장관은 비버들을 '공공재'로 볼 수 있다면서 농부와 땅 주인들에게 정부 보조금이 돌아갈 것이라고 말했다.

우리나라도 황새를 재도입하는 농민들에게 영국처럼 정부가 보조금을 지급하는 제도가 마련되기를 바란다. 농민들은 농산물 생산자일 뿐만 아니라 생태계 관리자이다. 이에 나는 '농업 생태관리 기본법' 제도가 마련되기를 간곡히 호소한다.

멸종위기에 처한 검은머리갈매기를 위해

나는 연구하면서 만난 검은머리갈매기를 평생 잊을 수 없다. 검은머리갈매기는 원래 우리나라에서 번식하는 새가 아니었다. 주로 랴오닝과 허베이 동부 해안의 광활한 염습지에 산다. 그러나 1998년부터 우리나라에도 번식 개체군이 발견되기 시작했다.

기후 변화로 인해 새들은 위도의 북쪽에서 남쪽으로 서식지를 옮기는 추세이다. 검은머리갈매기 또한 남쪽으로 서식지를 옮겨 우리나라 시화호에서 번식 개체군이 처음 발견되었다. 지금은 시화호가 개발되면서 번식 개체군이 인천 송도 매립지로 옮겨갔다.

2011년 봄 인천 송도 매립지 조사에서 확인된 검은머리갈매기 개체수는 약 200둥지, 400마리 정도이다. 검은머리갈매기는 전 세계에 약 2만 마리가 살고 있는데, 약 2퍼센트가 우리나라에서 번식하는 셈이다. 국제자연보존연맹(IUCN)은 검은머리갈매기를 멸종위기 II급으로 지정해 보호하고 있다.

그러나 송도 매립지가 개발되면서 검은머리갈매기들의 서식지들이 파괴되고 있다. 모처럼 우리나라에 찾아온 검은머리갈매기들이 사라지는 것은 시간문제이다. 그래서 나는 환경부의 승인을 받아 검은머리갈매기가 앞으로 완전히 사라질 것을 대비해 인공 번식 계획을 세웠다.

멸종위기 조류를 늘리는 방법은 알을 없애 추가 산란을 유도하는 것이다. 검은머리갈매기는 한 번에 알을 2개 낳는다. 그런데 낳은 알 2개를 빼내면 한 번 더 알을 2개 낳는다. 이런 식으로 나는 2011년 5월 송도 매립지에서 검은머리갈매기 알 40개로 인공 번식에 들어갔다.

인공 부화 후 실험실로 옮긴 새끼 검은머리갈매기들은 2개월 동안 생존율이 90퍼센트였다. 그러나 3개월째부터 생존율이 급격히 떨어지더니 급기야 10퍼센트 이하로 떨어졌다.

왜 이런 일이 벌어졌을까? 새끼 검은머리갈매기들은 3개월째부터 다리에 물집이 생기고, 발에 흰 반점이 나타나는 일종의 조류 수두증으로 죽었다.

나는 원인을 찾아보려고 무던히 애썼다. 그러다 야외에서 검은머리갈매기를 연구하는 동료가 새끼 때 이 병에 걸린 모습을 발견한 적이 있다고 알려 왔다. 물론 야외에서 자라는 새끼들은 이 병에 걸렸다고 해서 모두 죽지 않는다.

나는 검은머리갈매기를 인공 번식하기 전에 우리나라 텃새인 괭이갈매기를 15년 넘게 연구했다. 괭이갈매기한테서는 이런 병이 한 번도 나타난 적 없어서 전혀 예기치 못한 발병이 검은머리갈매기 인공 증식에 복병이 되고 말았다.

우리나라로 서식지를 옮긴 검은머리갈매기

검은머리갈매기는 번식기에 이르면 눈 주변에 흰 테를 두른다. 내가 젊었을 때만 해도 우리나라에서 볼 수 없었는데, 기후 변화로 인해 남쪽인 우리나라로 번식지를 옮겨온 것으로 보인다.

아마도 이 병이 검은머리갈매기가 멸종위기종이 된 원인이 아닐까 싶었다. 기후 변화로 인해 먹이가 부족해지고, 일부 개체군이 남쪽으로 번식지를 옮겼다. 원래 번식지에서 떨어져 나온 개체군 내에서 근친 교잡이 이루어지고, 그로 인해 면역체계가 약해져 바이러스를 이기지 못한다면 해당 조류는 멸종할 수밖에 없다.

이처럼 지구의 기후 변화는 조류와 다른 야생동물들의 멸종을 불러일으킨다. 전문가들은 지표면 온도가 섭씨 2.8도 상승한다면 2100년까지 약 500종의 육상 조류가 멸종하고 2000종의 다른 생물들이 멸종위기에 처한다고 예측하고 있다.

인간의 활동에 의해 기후 변화가 생기는데, 생물들에게는 기후 변화로 인한 새로운 환경에 적응할 시간이 너무 짧다.

새끼 검은머리갈매기의 사망 원인도 모른 채 3년이 흘렀다. 4년째가 되던 해, 여름 해안과 같은 온도와 습도를 맞춘 실내 육아방을 만들어 준 후에야 비로소 검은머리갈매기 인공 번식에 성공했다.

결국 반야생화 실험실에서 태어난 새끼들은 자연 번식지인 해안이 아닌 고온다습한 내륙 환경에 적응하지 못해 살아남지 못했던 것이다.

같은 환경일지라도 새끼 괭이갈매기들과 새끼 황새들은 조류 수두증 증상이 전혀 없었다. 그러나 새끼 검은머리갈매기들은 우리나라 내륙의 7~8월 고온다습한 기후에 적응하지 못해 수두증 바이러스 항체를 처음부터 만들지 못했을 것이라 본다.

인천 송도 매립지는 검은머리갈매기를 위한 땅이 아니었다. 개발

목적으로 매립한 땅이기 때문에 해가 갈수록 검은머리갈매기들의 번식터가 줄고 있다. 게다가 새끼 검은머리갈매기들은 너구리나 들고양이들의 먹잇감이 된 지 오래이다. 검은머리갈매기의 서식지가 사라지기 전에 지자체에서라도 나서서 번식지를 보호하고 관리하기를 바랄 뿐이다.

한국 까치의 일본 상륙 500년

우리나라 생태계의 균형이 깨지며 까치들이 늘고 있다. 개발과 도시화로 천적인 맹금류가 줄어들면서 번식력이 좋은 까치들이 급격하게 늘어난 것이다.

까치들은 먹이가 줄어들자 과수원에 날아들어 피해를 입혔다. 나무들이 베어져 전신주에 둥지를 틀다 보니 정전이나 화재 사고를 일으키기도 했다. 예부터 까치가 울면 반가운 손님이 온다 하여 길조로 여겼는데 이제는 애물단지가 되고 말았다.

나는 까치로 인한 피해를 줄이고자 까치 행동연구에 대한 프로젝트를 실시했다. 그때 제자가 둥지에서 떨어진 새끼 까치를 주워 손으로 길렀는데, 새끼 까치는 제자를 어미로 알고 따랐다.

우리나라에서는 이렇게 늘어난 까치들로 인해 골치 아픈데 일본에서는 까치가 천연기념물로 대접을 받는다. 일본의 까치는 사가현 남부의 사가 평야와 후쿠오카현 중서부의 치쿠고 평야를 중심으로 약

까치 아빠

둥지에서 떨어진 새끼 까치는 처음 발견해 돌봐 준 사람을 어미로 알고 따랐다.
사람이 새끼 까치를 처음 발견했을 때 부화한 지 얼마 되지 않아 각인이 이루어진 것이다.

1만 3000마리 정도 서식하고 있다. 우리나라 까치는 전역에서 100만 마리쯤 살고 있으니 일본에서는 천연기념물로 지정될 만하다. 일본은 1924년에 까치를 천연기념물로 지정했다.

번식력이 좋은 까치가 왜 일본에서는 천연기념물이 될 만큼 개체수가 적을까? 일본의 새를 잘 아는 역사학자에게 여쭈어 보니, 원래 일본에는 까치가 없었다고 한다. 16세기 임진왜란 때 사가성 성주인 나베시마 나오시게가 우리나라 까치를 일본으로 가져간 후 번식을 시작했다. 그런데 일본으로 간 번식력 좋은 한국 까치들이 왜 일본 전역으로 퍼지지 않았는지 여전히 의문이었다.

까치는 새로운 장소에서도 뛰어난 번식력과 적응력을 보여준다. 그 예가 제주도 까치 이입 사례이다. 1989년 국내 모 항공사가 제주 취항 기념으로 모 스포츠신문사와 함께 주관하여 까치 53마리를 제주도로 수송해 방사했다. 그때까지만 해도 까치는 제주도에 살지 않았다. 그러나 지금은 제주 곳곳에 약 3만 마리 이상 살고 있다.

제주에 까치가 살기 시작하면서 여러 문제가 발생했다. 가장 큰 피해는 생태계 교란이었다. 까치는 다른 새들의 둥지를 털어 새끼를 잡아먹었다. 과수원에 피해를 입히는 것은 물론 종종 항공기와 충돌 사고를 일으켰다. 전신주에 둥지를 틀어 정전 사고를 일으키다 보니 한국전력에서 매년 까치를 4000~5000마리씩 잡는데도 줄어들지 않고 있다. 이것은 우리 근현대사에서 홍보성 이벤트만을 생각해 생물종을 이입하다 벌어진 생태계 교란의 첫 사례이다.

복원생태학에서는 원래 한 장소에 살았던 종이 사라져 이를 되살리는 것을 '재도입(또는 복원)'이라고 한다. 그리고 지역에 없던 종을 방생해 번식시키는 것은 '이입'이라고 한다. 한번 생태계를 떠난 종을 되살리는 재도입 문제는 신중해야 하며, 이입은 생태계를 생각해 더욱 조심해야 한다.

제주도에서 까치 이입으로 벌어진 생태계 교란 같은 사례가 또 일어나지 말라는 법은 없다. 한번 망가진 생태계는 되돌리기 쉽지 않다. 우리 땅에 없던 생물을 이입할 때 반면교사로 삼을 필요가 있다.

그런데 지금으로부터 18년 전, 일본 니가타현과 홋카이도에서도 까치가 발견되어 일본 조류학계의 관심을 불러일으켰다. 이 까치들은 어디에서 왔을까? 사가현에서 온 까치는 아닐 것이다. 사가현에서 홋카이도까지는 거리가 멀 뿐더러, 까치가 지나는 중간 지역에 까치 서식지가 있어야 하는데 찾아볼 수 없다. 따라서 홋카이도 까치는 한국과 일본을 오가는 배를 타고 왔을 것으로 추정하고 있다.

그렇다면 멋 훗날 일본에서도 까치가 계속 번식해 숫자가 늘어날까? 까치가 최근에 나타난 니가타현과 홋카이도에서는 어느 정도 가능해 보인다. 그러나 우리나라에서와 같이 일본에서 터를 잡을지는 의문이다.

일본에서는 까마귀가 우점종이다. 일본을 방문한 사람은 누구나 까마귀가 참 많다는 것을 느낄 것이다. 일본에서는 까마귀들이 농작물에 큰 피해를 주고 전신주 사고를 일으키거나 쓰레기통을 뒤져 환경 위생에 문제를 일으키고 있다. 우리나라가 까치 때문에 피해를 입듯 일본은 까마귀 때문에 피해를 입고 있다.

까치와 까마귀는 닮은 점이 많다. 번식력과 적응력이 뛰어난 점, 조류 중에서 지능이 가장 높은 점, 후각이 아주 발달한 점에서 서로 비슷하다. 그래서 까치와 까마귀가 경쟁하면 한 치의 양보도 없다.

일본에서 까치가 터를 잡으려면 까마귀를 몰아내야 하는데, 후발 주자인 까치가 과연 그것을 해낼 수 있을까? 일본에 까마귀가 있는 한 까치의 이주 정착은 쉽지 않을 듯하다. 한국 까치가 일본으로 이주한 지 거의 500년이 되는데도 아직 일본 본토를 점령하지 못하고 있으니 말이다.

생각해 봐야 할 따오기 복원 사업

따오기는 일본이 자랑하는 새이다. 1883년 네덜란드 박물학자 콘라드 야콥 테민크가 일본 니가타현 사도섬에서 처음 발견하고 학명을 '*Nipponia nippon*'으로 이름 붙였다. 속명(Nipponia)과 학명(Nippon) 모두 일본 이름이 들어간 종은 오직 따오기뿐이다.

일본에서는 1930년대까지만 해도 니가타현 사도섬과 노토반도에서 따오기가 번식했다. 농경지 개발과 환경 오염으로 결국 따오기가 멸종되자 20년 전부터 자국의 텃새로 재도입하기 시작했다.

한국에서도 중국에서 따오기를 들여와 재도입을 추진하고 있다. "보일 듯이 보일 듯이 보이지 않는 따옥따옥 따옥 소리 처량한 소리"로 시작하는 친숙한 동요 때문인지 많은 사람들이 따오기를 우리나라 대표적인 텃새로 알고 있어 재도입에 기대를 거는 듯하다.

그러나 따오기를 재도입할 때는 신중하게 고려해야 할 점들이 많다. 우선 한반도에 따오기가 서식하며 번식해 왔는가이다. 따오기를 재도입하려면 최소 번식 기록이 남아 있어야 한다.

나는 한국교원대학교 재직 중에 중국 산시성 따오기복원센터를 방문해 따오기 재도입 과정을 살펴봤다. 중국에서도 일본과 비슷한 시기에 따오기가 멸종되었는데 1980년대 초 산시성에서 야생 따오기를 발견해 재도입 사업을 진행하는 중이다.

그곳에서 나는 예상치 못한 따오기의 둥지를 보고 놀랐다. 야생에 방사한 따오기들이 소나무에 둥지를 틀었는데, 둥지 높이와 모양이 허술해 우리나라에서라면 동소종인 까치나 까마귀, 어치 같은 천적에게 새끼들이 모두 잡아먹힐 듯했다.

중국에서 본 따오기들은 불과 7~8미터 정도 되는 소나무에 나뭇가지 몇 개를 얼기설기 엮어 뚜껑도 없는 접시 모양의 둥지를 틀었다. 이런 둥지는 천적을 방어할 수 있는 맹금류가 아니면 우리나라 자연에서는 살아남지 못한다.

나는 귀국하자마자 따오기와 관련된 옛 문헌들을 살펴봤다. 우리나라에서 과연 따오기가 번식하며 살았던 기록이 있을까?

따오기는 눈 주변이 붉고 몸통이 약간 분홍색을 띤 흰색인데, 번식기가 되면 머리와 목 등이 짙은 회색으로 바뀐다. 여러 책들을 살펴보니 번식기에 깃털 색이 회색으로 바뀐 따오기를 포획한 기록이 남아 있었다.

붉은 꽃 속에 파묻힌 따오기

따오기는 1930년대 이후 멸종되어 지금은 재도입이 이루어지고 있다. 따오기 재도입과 이입 문제는 이벤트가 아니라 생태계와 관련되므로 신중해야 한다.

아마도 겨울철새인 따오기들이 중국에서 한반도까지 내려왔다가 몇몇은 중국으로 떠나지 않고 한반도에 남아 번식을 시도했을 것이다. 한반도에서 텃새로 살아보려던 따오기들은 결국 둥지를 안전하게 짓지 못해 천적에게 새끼를 모두 잃었을 것이라는 추정도 가능하다.

따오기는 전 세계에서 멸종위기 1급이다. 한국과 중국, 일본 세 나라에서 따오기 재도입을 시도하고 있지만 어느 곳이든 신중해야 할 사업이다. 따오기는 우리나라에서 환경 오염과 개발로 멸종되었다 할지라도, 천적이 존재하는 한 텃새로 복원시켜야 할지 좀 더 신중할 필요가 있다.

우리나라에서 진행되는 따오기 재도입 사업은 이입 사업에 가까운데 지자체의 홍보성 이벤트로 전락되지 않고 우리 생태계 복원 문제로 추진되기를 바랄 뿐이다.

생물다양성과 야생동물들의 서식지 조성

2020년 장마는 9년 만에 찾아온 최악의 물난리였다. 6월 24일부터 47일 동안 장대비가 내려 내가 평소 산책하며 거닐던 한강공원이 모두 물에 잠겨 버렸다. 서울뿐만이 아니었다. 농경지가 물에 잠기고 제방이 무너져 전국에서 수천 명의 이재민과 50여 명의 인명 피해가 발생했다.

홍수, 가뭄, 태풍 같은 재난은 기후 변화가 주요 원인이다. 기후 변화와 환경 오염은 인간 사회뿐만 아니라 전 세계 생물들의 서식지 마련과 먹이 활동에 위협이 되고 있다.

지구 온난화의 주범인 이산화탄소는 화석연료를 사용하면서 발생한다. 지구가 따뜻해지면서 북극의 얼음이 녹아내리고 북극곰 같은 극지방 동물들의 서식지가 사라지고 있다. 지구의 허파인 아마존 열대우림은 무단 벌채와 화재로 2019년과 2020년 두 해 동안 거의 서울 면적의 30배가 파괴되었다고 한다.

인간이 이산화탄소나 메탄 같은 온실 가스를 배출하는 속도가 지구가 그것을 흡수하는 속도보다 더 빨라지고 있다. 이로 인해 폭우가 잦고, 해수면이 상승하고, 생물들의 멸종이 가속화되고 새로운 감염병이 나타날 것이라며 학자들이 경고한 지 오래이다.

더 이상 늦기 전에 생물들의 서식지를 보호하고 무분별한 개발을 막아야 한다. 지금과 같은 공장식 목축업도 지양해야 한다. 농경지는 생물들의 서식지가 되어야 함에도 불구하고 그곳에 가금류 집단 사육 시설이 들어 찬 경우가 많다. 가축의 분뇨는 농경지를 황폐하게 만들고 하천에 흘러 들어가 전염병을 일으킬 수도 있다.

나는 우리나라 황새 재도입을 계획하면서 유럽의 여러 황새 마을들을 둘러보았다. 그중 덴마크가 가장 인상적이었다. 덴마크는 대표적인 낙농 국가로, 북유럽에서 제법 잘 사는 나라가 되기까지 농경지의 생물다양성을 너무 많이 희생시켰다.

덴마크는 200년 전만 해도 황새가 1만 쌍 정도 번식하며 살았다. 지금은 겨우 2쌍만 남았는데, 그것도 1쌍은 스웨덴 학자의 재도입으

흔한 여름철새인 큰유리새

큰유리새는 우리나라에 서식하는 여름철새로 깊은 계곡 숲속에서 볼 수 있다.
수컷의 윗부분이 코발트 색이어서 아름답다.

로 서식하고 있다. 불과 몇백 년 전만 해도 많았던 황새들이 왜 덴마크에서 사라졌을까?

독일 조류학자들은 덴마크에서 황새들이 사라진 원인을 농경지에 가축 축사를 지었기 때문이라고 지적했다. 농경지 가축 축사에서 배출된 분뇨가 황새들의 서식지를 모두 파괴시켰다는 것이다.

독일에서는 현재 황새 6000여 쌍이 번식하고 있으니 덴마크와는 지나치게 대조적이다. 같은 유럽 땅인데도 생물종 보호와 서식 환경이 너무 다르다.

나는 황새 재도입 사업을 지켜보면서 일본이 지금의 독일과 같고, 우리나라는 지금의 덴마크와 같다고 생각한다. 일본은 황새 야생복귀에 앞서 독일의 생태 복원 제도와 기술을 받아들여 실행에 옮겨왔다면 우리나라는 지금도 농약 사용 규제는 물론 가축 분뇨 처리에 골머리를 앓고 있기 때문이다. 사업 관계자부터 일반 시민들까지 농경지가 다양한 생물들의 서식지가 되어야 한다는 의식조차 없다. 여전히 우리나라는 산지와 농경지 개발이 서식지 보호보다 먼저이다.

우리나라는 경제협력개발기구(OECD) 국가 중에서 개발을 가장 왕성하게 하는 나라에 속한다. 하루빨리 '토목 공화국'이라는 오명에서 벗어나 다양한 생물종의 서식지와 생태계를 보호하고 기후 변화에 따른 환경 문제 해결에 앞장서야 할 것이다.

나이 들면서 시력만 나빠지는 것이 아니다. 청력도 많이 떨어진다. 사람은 생후 초기에 초음파에 해당되는 영역인 20킬로헤르츠까지 들을 수 있지만, 곧 가청 주파수가 18킬로헤르츠로 낮아진다. 나는 지금 10킬로헤르츠의 음역대를 들을 수 없는 나이에 접어들었다.

정기 건강검진은 내 청력이 하한가로 치닫고 있음을 알렸다. 낡은 아파트에 살다 보니 리모델링하는 이웃집의 벽 뚫는 드릴 소리가 더 요란스럽게 들린다. 이런 소음에 계속 노출되면 남은 청력마저도 유지할 수 없을 듯해 잠시 자리를 피했다.

인간에게서 동물다운 행동이 보인다면 인간 또한 동물적 본능이 있기 때문이라고 생각할 것이다. 하지만 동물에게서 인간다운 행동이 보인다면 예삿일이 아니라고 여길 것이다.

인간은 다른 동물들처럼 본능이 있다. 본능은 동물행동 중 학습이나 모방 없이 태어날 때부터 지닌 성질을 말한다. 음식을 먹고, 짝짓기를 하고, 자신의 영역을 주장하는 것은 동물이나 인간이나 다를 바 없다. 사람들이 이웃과 담을 치고 자기 영역을 주장하는 것과 마찬가지로 동물들도 소리와 냄새 등으로 자기 영역을 주장한다.

그런데 동물들에게서 인간다운 행동을 볼 때가 있다. 나는 한국교원대학교에서 황새복원연구센터를 설립해 황새들을 관찰하면서 인간다운 헌신적인 사랑을 목격하고 뭉클했다.

2008년 일본에서 바다를 건너 온 황새 부부가 있었다. 말이 부부이지 짝짓기를 하지 않아 새끼가 없었다. 황새가 부부가 되기란 사람이 부부가 되는 것보다 훨씬 까다롭다. 황새들이 부부를 맺는 조건을 아직 다 알지 못하지만, 황새들이 아무하고나 짝을 맺지 않는 것은 분명했다.

황새 부부는 한 방에 살면서도 보편적인 짝짓기 행동을 보이지 않았다. 예를 들어 둥지를 함께 만든다거나, 서로 털을 골라주거나 하는 짝짓기 징조가 전혀 없었다.

이듬해 3월이 되어서야 수컷의 행동이 예사롭지 않았다. 열심히 나뭇가지를 물어다 둥지를 짓기 시작했다. 황새들의 둥지는 보통 부부가 함께 짓는데, 암컷은 별로 관심 없고 수컷만 부지런했다.

곧 황새 부부의 둥지가 멋지게 완성되었다. 수컷은 암컷에게 가까이 다가가려고 노력했지만 암컷은 자꾸 도망다녔다. 수컷은 그래도 둥지 짓기를 포기하지 않았다.

하지만 수컷의 인내심에도 한계가 있던 모양이다. 수컷은 자기 곁에 오지 않는 암컷에게 분노하고 말았다. 수컷은 암컷의 한쪽 날개를 부리로 물어 끌어당겼고, 그것도 여의치 않자 뾰족한 부리로 몸통을 찍어댔다. 사랑이 증오로 변한 것이다. 결국 이 황새 부부는 혼인 후 3년 만에 갈라섰다.

나는 갈등이 심한 황새 부부를 더 이상 한 우리에 둘 수 없었다. 그냥 놔두었다가는 수컷이 암컷의 몸에 상처를 낼 게 뻔했다. 심하면 죽이기까지 하니 하루빨리 분리해야 했다. 나는 애당초 짝이 아닌데 잘못 맺어 준 것이 아닐까 후회했다.

사랑과 전쟁을 선보인 황새 부부들

인간은 동물다운 본능이 있다. 마찬가지로 동물 또한 인간다운 사회생활을 하기도 한다.
전쟁 같은 부부 싸움으로 갈라서기도 하고, 헌신적인 사랑으로 돈독한 부부관계를 유지하기도 한다.

부부 갈등으로 이혼한 황새 부부의 이웃 부부는 마치 사랑에 빠진 연인들처럼 다정했다. 나는 당시 1500제곱미터 크기의 우리에 아직 짝을 맺지 못한 황새 여덟 마리를 길렀다. 황새 여덟 마리 중 암컷과 수컷이 네 마리씩이었다.

나는 어느 해 가을에 우연히 무리 중에 짝이 생긴 것을 알고 이름부터 지어 주었다. 수컷 황새는 황돌이, 암컷 황새는 황순이였다.

황돌이는 황새 무리 중에서 힘이 센 편이었다. 황순이는 반대로 무리의 다른 녀석들에게 늘 공격을 당하는 편이었다. 어쨌든 둘은 전해부터 친해졌다. 둘이 만나는 시간도 잦아졌고, 만나면 부리로 깃털을 서로 다듬어 주면서 부부애를 다졌다.

그렇게 이들은 부부가 되었는데, 황순이에 대한 황돌이의 사랑은 인간 이상으로 대단히 헌신적이었다. 황순이는 평소 겁이 많았다. 식사 시간에 사육사가 먹이통을 들고 우리 안에 들어가면 다른 황새들은 바로 달려드는데 황순이는 입구 반대쪽으로 멀리 달아났다. 사육사가 먹이통을 입구에 놓고 나간 지 한참 지나서야 비로소 먹이통으로 다가왔다.

황돌이는 황순이와 짝이 된 후 사육사가 갖다 놓은 먹이통에 다른 녀석들이 달려들지 못하게 막아섰다. 나는 그 모습을 보고 어안이 벙벙해졌다. 지극히 인간적인 애정을 보았기 때문이었다.

황돌이는 다른 황새들이 먹이를 먹으려 하면 연신 부리로 쪼며 막았다. 이런 행동은 사육사가 사라지고 몇 분 후 안심한 황순이가 먹이통으로 다가올 때까지 계속되었다. 든든한 황돌이는 황순이가 먹이를 다 먹을 때까지 다른 황새들이 접근하지 못하도록 철통같이 곁을 지켰다.

나는 황돌이 황새 부부의 사랑을 보면서 다시 한 번 동물들에 대한 편견을 깼다.

동물들의 습성이나 행동을 관찰하다 보면 인간 사회에서 볼 수 있는 높은 수준의 의식과 사회 구조를 발견하기도 한다. 때로는 동물들의 사회관계가 인간보다 더 신뢰를 바탕으로 한 것이 아닌가 감탄할 때도 있다. 동물행동학을 연구하다 보면 인간 사회에 적용할 만한 의미 있는 내용들을 만나기도 한다.

수컷 황새의 아내 찾아 3만 리

황새는 세계적으로 6종이 있다. 그중 2종은 우리나라에 있는 황새와 유럽에 있는 유럽황새이다. 우리나라 황새는 부리 색이 검은색인 데 비해 유럽황새는 부리가 붉은색인 것을 빼면 서로 많이 비슷하다.

유럽황새는 우리나라에서 홍부리황새라고도 부른다. 홍부리황새는 유럽에서 번식해 아프리카로 월동하러 간다.

크로아티아에는 '국민 황새'라 불릴 만큼 사랑받는 홍부리황새 한 쌍이 있다. 암컷 홍부리황새는 사냥꾼이 쏜 총에 날개를 맞아 상처를 입었다. 다행히 마음씨 좋은 주민이 다친 암컷 홍부리황새를 발견해 정성껏 치료해 주었지만, 암컷은 더 이상 날지 못했다. 월동할 시기가 되자 수컷 홍부리황새는 날지 못하는 아내를 두고 홀로 남아프리카로 돌아가야 했다.

그런데 이듬해 봄이 되자 놀랍게도 수컷 홍부리황새는 아내를 만나기 위해 다시 크로아티아의 작은 마을을 찾았다. 그러고는 수개월 동안 아내와 함께 시간을 보냈다. 홍부리황새 부부는 알을 낳아 길렀는데, 수컷 홍부리황새는 새끼들에게 하늘을 나는 방법을 가르쳐 주기도 했다. 그리고 그 해 8월 월동할 시기가 되자 수컷 홍부리황새는 새끼들을 데리고 남아프리카로 돌아갔다.

이듬해에도 수컷 홍부리황새는 어김없이 아내를 만나러 왔다. 그 후에도 해마다 한 해도 거르지 않고 수컷 홍부리황새는 아내를 만나기 위해 먼 여행을 했다.

다친 암컷 홍부리황새를 기르고 있는 주민에 따르면 요즘 예년보다 조금 일찍 온 수컷 홍부리황새가 여행이 힘들었는지 매우 피곤해 보였다고 한다. 그도 그럴 것이 남편이 아내를 찾아온 거리가 3만 리가 넘었다. 홍부리황새 부부가 진정한 사랑은 넓디 넓은 대양도 가로막을 수 없다는 사실을 증명해 보인 것이다.

내가 한국교원대학교에 재직하면서 기르던 황새들에게서도 이에 못지 않은 놀라운 일이 벌어졌다.

2006년 충청북도 청원군 미원면 화원리에서 야생 방사 실험을 했던 황새 한 쌍이 있다. 나는 암컷 황새는 화원리의 옛 이름을 따서 새왕이라 이름 지었고, 수컷 황새는 황새의 부활을 알린다 해서 부활이라 이름 지었다.

새왕이와 부활이는 다시 황새복원센터로 옮겨져 2009년부터 우리에서 번식을 시작했다. 2009년 봄에 알을 3개 낳고 31일 동안 암수가 열심히 교대하며 알을 품었다. 마침내 알에서 첫 새끼 황새가 부화했다.

그런데 문제가 생겼다. 수컷 부활이는 새끼를 돌보려 했지만, 암컷 새왕이는 새끼를 물어 밖에 내다 버렸다. 새왕이가 왜 그런 행동을 했는지는 밝혀지지 않았다. 할 수 없이 새끼 황새들은 사람 손으로 길렀다.

이런 잘못된 양육 습관은 이듬해에도 지속되는 것이 일반적이다. 그래서 2010년에도 큰 기대 없이 황새 부부를 관찰한 다음 작년처럼 어미가 새끼를 버리면 사람 손으로 기를 준비를 했다. 2010년 3월 24일 아침 7시 40분쯤 그 해 낳은 알 3개 중에서 한 마리가 먼저 부화했다.

마침 수컷 부활이가 알을 품고 있을 때 새끼가 알을 깨고 나온 것이 천만다행이었다. 하지만 그 다음이 문제였다. 나머지 알 두 개와 새끼 한 마리를 품고 있는 부활이가 새왕이와 교대한다면 작년과 같은 일이 벌어질 게 뻔했다.

그런데 부활이는 교대 시간이 되어도 새끼를 품은 채 좀처럼 일어날 기색을 보이지 않았다. 정상적이라면 1~2시간쯤 알을 품다가 교대하게 마련이지만 이 날은 달랐다. 무려 5시간 가까이 먹이를 가지러 갈 생각조차 하지 않고 새끼들만 품었다. 물론 간간이 자리에서 일어나 알들과 새끼를 부리로 다듬어 주기는 했다.

아내에게 돌아가기 위해 대양을 건너는 홍부리황새

수컷 홍부리황새 한 마리가 머나먼 남아프리카에서 1만 3000킬로미터를 날아와
크로아티아에 도착했다. 몇 년 동안 빠짐없이 다친 아내를 만나기 위해
긴 여행을 마다하지 않았다.

새왕이는 몇 번이나 새끼를 품고 있는 부활이에게 교대하자고 신호를 보냈지만, 부활이는 일어날 기색이 없었다. 아무래도 부활이는 작년에 벌어진 일을 분명히 기억하고 있는 듯했다.

부활이가 둥지에서 일어나면 새왕이가 새끼를 또 내다버릴 것이라고 걱정한 것일까? 정오가 넘어서 다시 새왕이가 둥지로 다가와 교대하자고 신호를 보냈다. 이때 부활이는 쪼그린 채 새끼를 품고 머리깃을 곤두세우더니 새왕이를 위협했다. 결국 새왕이는 둥지에서 물러났다.

그렇게 1시간이 더 지났을 무렵이었다. 그제야 부활이와 새왕이는 교대를 했다. 새왕이는 부활이에게서 둥지를 물려받고는 새끼에게 먹이를 게워 먹였다. 그러나 태어난 지 몇 시간밖에 지나지 않아서인지 새끼는 새왕이가 게운 먹이를 받아먹지 못했다.

새왕이가 보인 행동은 2009년과 사뭇 달랐다. 2009년에는 새끼를 돌보지 않고 부리로 내다 버리더니 2010년에는 어미답게 먹이를 게워 새끼에게 먹이는 행동을 보인 것이다. 비록 새끼는 어미가 건넨 먹이를 받아먹지 못했지만 드디어 부모의 사랑을 받고 자랄 수 있게 되었다.

예상대로 새왕이는 어미 노릇을 훌륭하게 해냈다. 남편 부활이와 함께 새끼와 알들을 열심히 품어 정성껏 키우더니 마침내 모든 새끼들을 야생으로 돌려보낼 수 있었다.

부활이는 과연 새끼를 잃은 작년의 일을 기억한 것일까? 교대 의식 전에 부활이가 새왕이에게 보인 위협적인 행동이 새왕이의 마음을 바꾸게 한 것일까? 심증은 여러 가지이지만 과학적으로 황새의 마음을 풀어볼 방법은 없다. 과학자로서 이런 동물들의 행동을 보고 경외감을 깊이 느낄 뿐이다.

동물들은 어떻게 죽음을 맞이할까?

야생에서 수명을 다한 동물들의 죽음을 지켜보기란 쉽지 않다. 야생동물들은 대개 포식자에게 당하거나 악조건의 기후 환경 또는 사고사로 죽게 마련이라 자연사한 모습을 찾아보기 힘들다. 설령 나이 들어 자연사를 앞두었다 해도 그 전에 약해진 몸이 포식자의 표적이 되어 잡아먹히기 일쑤이다. 그러니 사육 환경 말고는 동물들의 자연사는 매우 드문 일이다.

2012년 9월 13일 오전 8시 45분 황새복원센터에서 황새 푸르미가 죽었다. 푸르미는 수컷 황새로 수명이 다해 사육장에서 자연사했다. 당시 푸르미 나이는 32세이었는데, 사람 나이로 치면 80세 정도이다. 그러니까 황새로서 수명이 다해 자연사한 것과 다름없다.

푸르미는 숨지기 5년 전부터 겨울이 되면 먹이양이 줄어들고, 1미터 높이의 횃대에도 제대로 올라가지 못했다. 특히 영하 10도 이하로 내려가는 날에는 먹이를 먹지 못해 기력이 쇠진한 채 바닥에 주저앉았다. 전형적인 고령자의 모습이었다.

나는 겨울마다 푸르미가 거쳐하는 방에만 전기히터를 틀어주었

수명이 다해 임종을 맞은 황새 푸르미

임종 직전, 눈에 띄게 기력이 없어진 푸르미의 모습이다.
푸르미는 야생에서는 좀처럼 찾아볼 수 없는 수명을 다하고 세상을 떠난 황새이다.

다. 푸르미의 노쇠화를 느끼며 다른 황새들보다 더 신경 써서 돌봤는데도 더 이상 버틸 기력이 없었던 모양이다. 푸르미는 죽음을 맞이하기 20일 전부터 눈에 띄게 먹이를 먹지 못했다. 나는 푸르미의 임종을 직감했다.

푸르미의 깃털은 윤기가 사라지고 힘이 없었다. 몸통 군데군데 깃털이 많이 빠졌다. 깃털 속에 가려진 근육도 엄청나게 줄었다. 손으로 만지면 뼈만 잡힐 정도로 앙상했다.

푸르미는 죽기 일주일 전부터 거의 먹지 않았다. 아니, 죽기 위해 곡기를 끊은 듯 보였다. 푸르미는 긴 다리를 접고 사육장 한쪽에 주저앉아 가만히 죽음을 기다렸다.

날이 갈수록 푸르미의 고개가 아래로 처졌다. 사람이 사육장에 들어가 몸을 만져도 아무런 저항이 없었다. 숨만 가쁘게 몰아쉬며 자꾸 눈을 감던 모습이 내가 본 푸르미의 마지막이었다.

다음 날 아침 출근한 사육사가 내게 푸르미의 임종 소식을 전해주었다.

푸르미는 원래 러시아 태생이었다. 1980년 독일 포겔파크에서 인공 번식을 위해 새끼 황새인 푸르미를 러시아에서 들여온 것이다. 그리고 번식 연령이 지난 1997년 황새복원사업을 위해 독일에서 한국으로 왔다.

내가 푸르미를 한국에 들여온 이유는 번식 때문이 아니었다. 나는 황새 서식지가 마련되는 대로 푸르미를 자연으로 돌려보내려고 했다. 그러나 이런 나의 바람과는 달리 푸르미는 자연 속 서식지에서 안식하지 못하고 결국 사육장에서 세상을 뜨고 말았다.

푸르미를 보내면서 나는 인간의 마지막 임종을 생각했다. 『조화로운 삶』의 저자인 스코트 니어링은 황새 푸르미처럼 곡기를 끊고 죽음을 맞이했다.

스코트 니어링은 1983년에 미국 펜실베니아에서 태어나 펜실베니아대학교에서 교수 생활을 하던 중 아동착취 반대 운동을 하다 해직되었다. 이후 털리도대학교에서 정치학 교수로 재직했으나 제국주의 국가들이 세계대전을 일으킨 것에 항의하다 다시 해직되었다. 1932년부터 아내 헬렌과 함께 버몬트와 메인 주의 시골에서 문명에 저항하고 자연에 순응하는 삶을 살다가 1983년 100세의 나이에 세상을 떠났다.

아내 헬렌 니어링이 쓴 『아름다운 삶, 사랑 그리고 마무리』에는 스코트 니어링이 100세 생일을 한 달 반 앞두고 더 이상 먹지 않겠다고 선언한 후 단단한 음식을 먹지 않았다는 얘기가 나온다. 한 달 동안 아내가 만들어 준 과일 주스만 먹다가 어느 날부터는 물만 마시고 싶어 했고, 여전히 맑은 정신으로 대화를 나누다 100세 생일이 지난 지 18일째 되는 날 '나무의 마른 잎이 떨어지듯 숨을 멈추고 자유로운 상태'가 되었다고 한다.

요즘은 100세 시대라 하여 예전에 비해 장수하는 노인들이 많다. 그러나 온전한 정신과 건강한 몸으로 노년의 삶을 누리는 사람은 많지 않다. 많은 노인들이 질병이나 치매로 투병하다 죽음을 맞이하는 일이 더 흔하다.

생로병사는 피할 수 없는 통과의례이다. 괜찮은 마무리를 하고 싶다면 하루라도 젊었을 때 몸과 마음을 관리하는 것이 좋다. 그리고 언젠가는 맞이하게 될 죽음에 대해 막연히 두려워하기보다는 자연에 순응하듯 마무리하는 것이 어쩌면 품위 있는 임종이리라. 황새 푸르미와 스코트 니어링이 보여준 마지막 삶의 모습에서 우리가 배워야 할 점이다.

사냥 실력이 형편없는 황새

우리나라에서 텃새로 살았던 황새가 사라진 지 벌써 47년이라는 세월이 흘렀다. 황새와 비슷한 새로는 백로와 왜가리가 있다. 황새와 백로, 왜가리의 공통점은 습지나 논, 강가에서 물고기를 잡아먹고 산다는 것이다.

그런데 백로와 왜가리는 황새처럼 멸종되지 않고 아직 개체수가 많이 남아 있다. 대체 황새는 왜 우리나라에서 멸종되었을까?

나는 우리나라에서 멸종된 황새를 재도입하기 위해 황새복원센터를 설립하면서 황새가 멸종된 원인을 찾아보려고 나름대로 무던히 애썼다. 여러 문헌도 찾아보고, 황새 야생 복귀 국제 세미나에도 참석했다.

그동안 문헌을 연구한 바에 따르면 농약 때문에 습지와 논에 물고기가 사라져 먹이 활동을 할 수 없게 된 것이 황새가 멸종하게 된 주요 원인이라고 했다.

나는 이에 대해 한편으로는 동의하면서도 한편으로는 온전한 해답이라 생각하지 않았다. 황새와 서식지가 같고 먹이 습성도 비슷한 백로나 왜가리는 지금까지 개체수가 크게 줄지 않고 여전히 우리 곁에서 살아가기 때문이다.

나는 황새 멸종에 대해 납득할 만한 답을 찾고자 연구를 시작했다. 지금으로부터 15년 전 황새 실험 방사가 있었다. 충청북도 청원군 미원면 화원리 약 6000제곱미터에 펜스를 치고 황새 2마리를 풀었다. 물론 실험을 위해 날개깃 한쪽을 잘라내 날지 못하게 했다. 물론 황새의 날개깃은 1년 후 다시 정상으로 자란다.

실험이 진행된 지 두 달쯤 되었다. 이곳에 백로와 왜가리가 찾아왔다. 나는 황새와 백로, 왜가리가 뒤섞여 먹이 활동을 하는 모습을 관찰했다. 그리고 아주 놀라운 사실을 발견했다.

결론부터 말하자면 황새는 사냥 실력이 형편없었다. 그에 비해 백로와 왜가리는 아주 능수능란하게 사냥기술을 뽐냈다.

황새는 습지 위를 걸어가면서 부리로 이곳저곳을 찔러가며 사냥했다. 황새가 부리로 찔러대는 숫자는 5분당 10회 정도였다. 물론 먹이양에 따라 찔러대는 빈도는 다르지만 1제곱미터당 미꾸라지가 1.5마리였을 때 그렇다. 그중 1회 정도 먹이를 낚으면 성공이었다. 황새는 먹이 1마리를 잡기 위해 9번이나 허탕치는 셈이다.

그러나 백로와 왜가리는 노련했다. 이곳저곳 찔러대지 않고 황새가 먹이 잡는 것을 지켜봤다. 황새가 습지 위를 걷거나 부리로 찔러댈

황새와 왜가리

황새가 귀찮게 따라다니는 왜가리에게 크게 화를 내고 있다. 황새가 먹이 사냥을 할 때면 백로와 왜가리가 가까이 다가온다. 백로와 왜가리는 황새 뒤를 쫓아다니며 황새가 놓친 먹잇감을 잡아먹는다.

때 미꾸라지가 꿈틀하고 반응을 보이면 흙탕물이 미세하게 움직였다. 이때를 놓치지 않고 백로와 왜가리는 황새가 놓친 먹이를 단숨에 낚아챘다.

그럼 백로나 왜가리는 항상 황새가 판 벌여 놓은 곳에서만 사냥을 할까? 그렇지 않다. 왜가리가 혼자 사냥하는 기술은 명품 중의 명품이다.

어린시절 개울에서 물고기를 잡던 기억이 난다. 나는 풀숲에 쪽대를 갖다 대고 한 발을 풀숲에 넣어 저었다. 그러면 풀숲에 숨어 있던 물고기들이 밖으로 나온다. 백로가 이렇게 물고기를 잡는다. 물고기들이 숨어 있는 풀숲에 한 발을 넣고 가볍게 저어대면 물고기가 풀숲 밖으로 나오는데, 그때 재빨리 낚아챈다.

그러나 황새는 백로처럼 사냥하지 못한다. 그냥 이곳저곳을 부리로 찔러대며 부리 끝으로만 먹이를 감지한다. 황새의 이런 사냥법은 먹이가 많을 때 쓸모 있다. 그러나 먹이가 줄어들거나 없어지면 먹이 찾을 확률이 떨어져 생존하기 어렵다.

옛날에는 우리 논에 황새들의 먹이가 많았다. 그냥 여기저기 찔러도 쉽게 잡힐 정도였다. 그러나 해충을 없애기 위해 농약을 사용하면서 황새의 먹이들이 점차 사라졌다. 문헌에서 밝힌 대로 황새가 우리나라에서 멸종된 까닭은 무분별한 농약 사용으로 서식지가 오염되어 황새들이 먹이 활동을 할 수 없게 되면서이다. 백로나 왜가리와는 달리 형편없는 사냥 실력으로 살아남지 못한 것이다.

황새와 비슷하게 먹이를 잡는 새가 저어새이다. 저어새는 주걱같이 생긴 긴 부리를 물에 담가 좌우로 저어가며 물고기를 잡는다. 저어새 또한 황새와 마찬가지로 멸종위기종이다.

우리 자연에 먹이가 풍부했을 때는 사냥 실력이 좋은 새이든 나쁜 새이든 모두 함께 살 수 있었다. 그러나 먹이가 줄어들자 사냥 실력이 형편없는 새들은 경쟁에 밀려 사라지고 말았다. 그리고 먹이가 사라진 지 불과 5, 60년밖에 지나지 않아 황새들이 사냥 실력을 갖출 수 있게 진화하기에는 너무 짧은 기간이었다.

나는 이 연구를 통해 황새의 서식지 평가 기준을 마련했다. 황새 1마리가 서식지에서 살아가려면, 1제곱미터당 미꾸라지가 1마리 이상 살아야 한다. 이것이 지표 수치 1로 황새가 서식할 수 있는 최소한의 조건이다. 황새 1쌍, 즉 2마리가 살아가려면 서식지의 지표 수치는 2로 올라가며, 새끼를 낳아 기르는 시기에는 새끼들의 수에 따라 서식지 지표 수치 또한 달라진다. 예를 들어 황새 1쌍이 새끼 3마리를 낳아 기르려면 서식지 지표 수치는 5로 올라간다.

연구자들은 이 기준으로 야생에서 황새 서식지를 조사한다. 1제곱미터의 방형구(네모난 구역 안에 만든 군락 표본)를 설정해 놓고 뜰채로 물고기를 잡는 방식이다. 황새 서식지가 되려면 평균 10그램의 미꾸라지가 1마리 이상 잡혀야 한다.

황새 1마리가 하루에 소비하는 먹이양은 10그램짜리 미꾸라지 30마리 정도이다. 그렇다면 반형구 30개에 미꾸라지가 평균 1마리씩 들어 있어야 한다. 그러나 지금의 우리 자연에서는 이러한 조건을 찾기 어렵다.

황새 1마리가 먹이를 잡아먹으면 다음 날 그 자리에 다시 먹이가 잡혀야 한다. 그래서 연구자들은 동일한 구획을 반복해서 조사한다. 10일 동안 동일 장소를 조사했을 때 전날 잡힌 물고기를 제외하고 다른 미꾸라지가 1마리씩 늘어나야 황새 서식지로 기능한다.

옛날 우리나라에 황새가 텃새로 살던 때라면 아마도 이런 정도의 조건은 충분히 충족했을 것이다. 그러나 농약으로 오염된 논에서 예전과 같은 조건의 서식지를 찾기란 쉽지 않다. 그래도 아직 때가 늦지 않았다. 농약보다는 오리 농업 같은 친환경 경작으로 논과 생물들을 살리는 방법을 모색할 때이다.

황새 고향에 황새가 살 수 있을까?

교직에서 은퇴하고 동물들의 일상을 반추하며 그림을 그리고 있을 때 전화 한 통이 걸려 왔다. 황새의 옛 번식지인 충청남도 예산군 대술면 궐곡리에 사는 김중철 씨였다. 충청남도 예산군은 일제강점기 때까지 황새가 번식했던 곳이다. 그래서 내가 백년 아니 천년이 지나도 황새가 번식하는 마을로 만들고 싶은 곳이기도 하다.

나는 2018년 황새들의 고향인 예산군에 황새 영황이과 순황이 한 쌍을 방사시켰다. 그런데 영황이는 인공 횃대에서 둥지를 짓다가 부리가 부러졌다. 그리고 2년여 동안 예산군 광시면에 있는 예산황새공원 사육장에서 치료를 받으며 건강을 회복했다.

황새 인공 둥지

황새고향마을에서 김중철 씨는 황새 영황이와 순황이 한 쌍을 돌보고 있다.
인공 둥지에서 홀로 새끼들을 기르던 순황이는 부리를 다친 영황이가 다시 건강하게
돌아오기를 기다리다 장염으로 죽고 말았다.

김중철 씨는 순황이가 예산황새공원 사육장에 갇힌 영황이를 찾아다닌다는 소식을 전해 주었다. 봄이 찾아와 번식기가 됐는데도 영황이가 보이지 않자 순황이가 스스로 찾아나선 듯했다.

영황이를 돌보는 예산황새공원 사육장은 황새고향마을에서 50킬로미터 정도 떨어진 곳으로, 날개 달린 황새들에게는 그리 먼 거리가 아니다. 아마도 순황이가 하늘 높이 날아올라 예산황새공원 사육장에서 영황이를 발견하고 주변을 서성이다 공원 사육사에게 발견된 모양이다.

김중철 씨는 요즘 들어 순황이가 낮에 보이지 않아 궁금하던 차에 공원 사육사로부터 영황이가 공원에 나타났다는 소식을 듣고서야 나에게 전화를 건 것이다.

"교수님! 순황이가 영황이를 보러 예산황새공원으로 찾아갔다고 합니다. 교수님이 공원에 말씀하셔서 빨리 영황이를 대술면으로 옮겨다 주세요!"

나는 영황이가 건강을 회복하면 대술면에 있는 순황이한테 데려다주길 바랐다. 그러나 벌써 2년이 지났다. 기다리다 지친 순황이가 제발로 남편을 찾아다닐 만큼 시간이 너무 흘렀다.

늦어도 2월 정도에는 영황이를 둥지로 옮겨 주어야 했는데, 전화가 걸려온 때는 3월 말 곧 4월로 접어들어 번식하기에 늦은 감이 없지 않았다.

멸종위기종은 개체 하나 하나가 중요하다. 황새를 방사했으면 개체마다 동정을 살펴 주민들에게 알려주어야 한다. 그런데 내가 은퇴하고 나니 방사한 황새를 하나 하나 주민들에게 알릴 소통 창구가 사라졌다.

부리가 부러져 사경을 해매던 영황이 상태도 공유되지 않았고, 다른 황새가 양어장 근처에서 낚싯줄에 걸려 발목이 부러진 채 돌아다녀도 아는 이 없었다. 황새 재도입은 관계기관과 시민들이 긴밀히 협력하며 관심을 가져야 황새들이 야생에서 건강하게 제대로 된 서식 환경을 만들 수 있다.

나는 한국교원대학교에 재직하면서 황새생태연구원을 설립해 황새고향마을 주민들과 긴밀히 소통했다. 그러나 은퇴한 뒤로는 황새들에 대한 동정을 알기 어렵다. 이 일은 황새를 재도입하는 중요한 업무 중 하나인데, 지금은 제대로 이루어지지 않아 보여 안타깝다.

예산군에 방사된 황새들은 번식이 끝나는 8월과 9월에 예당호 주변 습지를 먹이터로 사용한다.

사실 나는 황새들이 안전하게 번식하려면 예당호의 낚시좌대가 철거되어야 한다고 생각한다. 낚시좌대가 예당호의 물을 오염시킬 뿐만 아니라, 낚시꾼들이 버린 낚싯줄과 낚싯바늘에 황새들이 상해를 입는 일이 자주 발생하기 때문이다. 또한 황새들이 버려진 납추를 먹고 가끔씩 납중독을 일으키기도 한다.

진정으로 예산군이 황새의 도시가 되려면, 예당호 주변의 논만이라도 농약과 제초제 없이 농사를 짓는 날이 와야 할 것이다. 예산군은 황새를 재도입시킨 지자체임에도 불구하고 서식지 질 지표 수치가 1도 못 된다. 그냥 예산황새공원의 사육사가 논에 미꾸라지를 뿌리며 근근히 버티는 실정이다.

최근 환경이 많이 좋아졌다 하지만 제초제 없이 농사짓는 논, 소위 유기 농사는 우리나라 전체 논의 10퍼센트도 되지 않는다. 우리나라는 여전히 농사지을 때 농약을 많이 사용하고 농경지마다 대부분 제초제를 뿌리며 벌레 없는 농작물을 대량 수확한다.

우리나라 사람들에게 필수 조미료인 고추는 탄저병 때문에 농약을 많이 쓰는 작물이다. 이 농약으로 말미암아 황새의 먹이들이 없어지는 것은 둘째 치고, 고춧가루에 남은 농약 잔류량이 사람 몸속에 들어가면서 또 다른 문제를 일으킨다.

인삼은 고추보다 농약을 수십 배 더 쓰는 특용작물이다. 인삼밭 주변에는 생물이 살지 않는다.

황새는 논에서 물고기를 잡아먹지만, 밭 주변에서는 지렁이, 풀벌레, 개구리, 뱀, 들쥐도 잡아먹고 산다. 우리나라에서 멸종한 황새를 다시 불러오고자 연구하고 실험하며 자연에 방사해도 국민 모두의 경각심과 노력 없이는 애써 재도입한 황새들이 이 땅에 살아남을지 예측할 수 없다.

지금도 우리나라는 멸종위기에 처한 동물들의 서식지가 자꾸 사라져 가고 있다. 이미 황새들의 서식지가 고속도로로 점령당한 지 오래이다.

실정이 이런데도 예산군 내의 청정마을 대흥리는 곧 고속도로 건립이 계획되어 있다고 한다. 눈앞의 편리를 얻고자 미래의 자연을 담보 삼는 일은 이제 그만두어야 하지 않을까.

거꾸로 가는 황새 복원의 시계

나는 인사동에서 '황새 보호 캠페인, 황새 퍼포먼스'를 하기로 계획했다. 다행히 나보다 앞서 20년 가까이 인사동에서 퍼포먼스를 해온 국민대학교 윤호섭 명예교수님이 이런저런 조언을 해주셨다.

인사동에서 준비한 퍼포먼스를 하기 어렵다고 판단한 나는 일단 여의도 샛강 생태순환로에서 '방사한 황새들이 사라지고 있어요!'라고 적힌 리플릿을 시민들에게 나누어 주기로 했다. 그리고 그곳은 여의도순환로를 산책하면서 그린 작품들을 슬라이드쇼로 함께 보여주기 안성맞춤이라 생각했다.

그러나 계획과는 달리 현장에 가보니 생각지 못한 문제들이 많았다. 그동안 그린 작품 200여 점을 노트북에서 슬라이드쇼로 보여주려 했는데, 야외이다 보니 너무 밝아 화면이 선명하지 않았다. 나는 그림들을 제대로 보여줄 수 없어 실망이 컸다.

여의도 샛강 생태길에서는 무료로 헌 티셔츠에 그림을 그려 준다는 팻말을 내걸었다. 하지만 아무도 내게 그림을 요청하는 사람이 없었다. 나는 집에서 그리다 만 여의도 샛강 그림을 완성하고 돌아왔다. 황혼의 역광을 표현해 그림 색깔이 더욱 무거워 보였다.

그림처럼 내 마음도 어두웠다. 게다가 텔레비전에서는 내가 몸담았던 한국교원대학교에서 황새생태체험장을 짓는다며 정부 문화재청으로부터 수십 억 원을 지원받은 소식이 들려왔다. 예산황새공원 내 부지에 연구동 건물을 지으려 계획했는데, 대신 관람객을 위한 미니

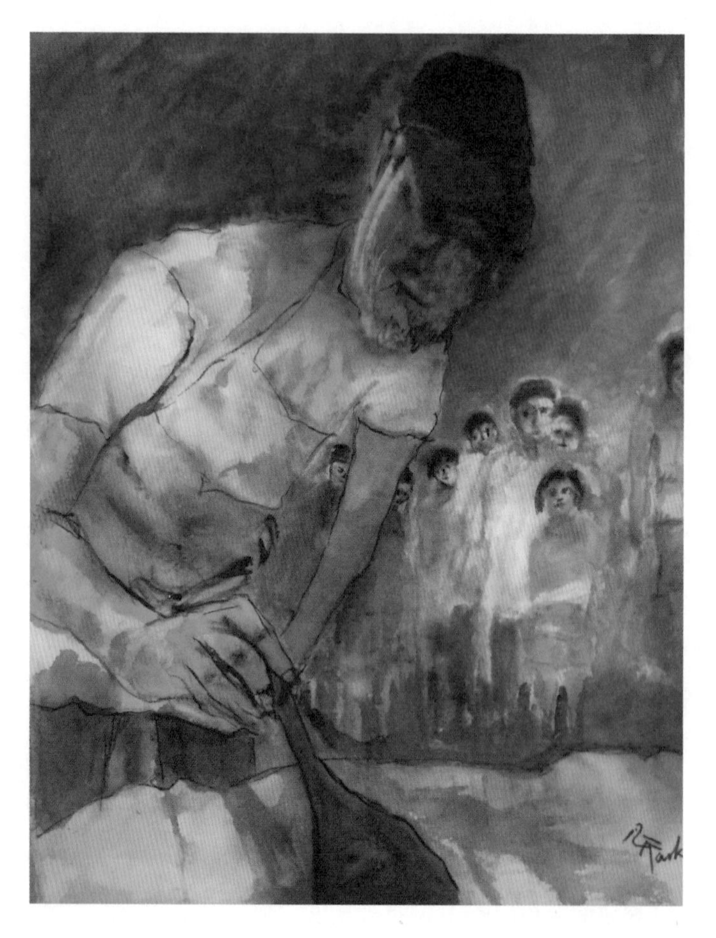

인사동 퍼포먼스

국민대학교 윤효섭 명예교수는 시민들의 옷에 그림을 그려 주면서 대화를 나누었다. 황새가 왜 멸종되고 없어졌는지부터 물건 아껴 쓰기, 에너지 절약하기, 음식물 쓰레기 버리지 않기 등 우리가 일상생활에서 실천할 수 있는 환경보호 방법들에 대해 많은 이야기를 들려주었다.

동물원이 만들어지는 것이다.

솔직히 나는 '우리나라는 아직 헛된 곳에 국민 세금을 낭비하는 나라구나.' 싶었다. 지금은 황새를 볼모로 관람객을 유치해 체험하게 하는 것보다 체계적인 연구 시설과 지원으로 황새 재도입 실험을 성공으로 이끄는 것이 무엇보다 중요하다.

황새 재도입 문제는 관련기관이나 해당 지자체의 문제가 아니라 온 국민이 생물다양성에 대한 인식과 서식지 파괴를 막는 생태계 보전 문제에 관심을 기울이도록 알리는 것이 더 중요하다.

지금쯤 황새를 유치한 예산군에 황새(서식지)복원 부서가 있어야 황새를 살리는 행정이 이루어질까 말까 한데 아직도 그와 같은 부서가 만들어졌다는 소식은 없다.

일본 혼슈 긴키 지방의 효고현에 있는 토요오카시는 일찍이 황새공생과를 만들어 복원사업을 시작했다. 지금은 그 부서를 황새공생국으로 확대시켰다. 그러나 우리는 예산황새공원을 만들어 문화관광과 직원이 파견나와 서식지 생태 복원이 아닌 관광업무만 보고 있다.

황새 재도입에 앞장섰던 한 사람으로서, 황새 복원 사업의 시계가 거꾸로 가는 듯해 너무 안타까울 뿐이다.

200년 후 이 땅에 황새들이 살아있을까?

충남 예산군의 민가가 있는 농경지는 옛날 황새 번식지이다. 그곳에 황새 재도입이 시작된 지 벌써 6년이라는 세월이 흘렀다.

자연에 방사한 황새들이 주민들이 뿌려 준 먹이를 먹고 번식한다는 소식 말고는 스스로 먹이 활동을 하며 번식한다는 희망적인 소식이 아직 들리지 않는다. 그나마 올 여름 황새 한 쌍이 50미터 높이의 송전탑에서 번식을 마치고 이소했다고 소식이 있어 다행이었다.

과연 황새들은 200년 후에도 이 땅에 살아남을 수 있을까?

나는 황새 재도입 연구를 하면서 기억에 남는 두 사람이 있다. 한 분은 『판스워스 교수의 생물학 강의』의 주인공인 스티븐 판스워스 교수와 대하소설 『토지』의 박경리 작가이다.

스티븐 판스워스 교수는 책의 저자인 프랭크 H. 헤프너 교수가 대학 신입생들을 대상으로 생물학을 재밌게 들려주기 위해 만든 가상 인물이다.

판스워스 교수는 책 속 생물학 강의에서 "생태학에서 개체는 그리 중요하지 않다. 왜일까? 하나의 개체에 일어난 일이 그 종의 전체에 미치는 일은 극히 드물기 때문이다. 예를 들어, 내가 내일 죽는다면 내 가족과 친지들이야 슬퍼하겠지만, 지금으로부터 200년 후의 인류에게는 아무런 영향도 미치지 않을 것이다. 하지만 중요한 예외가 있다. 극소수밖에 남아 있지 않은 아주 희귀한 종의 경우에는 한 개체의 운명도 중요한 의미를 갖는다." 나는 이것이 한반도에 방사한 황새들을 두고 하는 말 같아 깊이 공감했다.

하지만 책 속 판스워스 교수의 말은 아직 우리나라에 적용하기 어려워 보인다. 황새를 비롯한 여러 생물들이 농약 중독, 전신주 감전

황새의 도시, 예산군

황새를 야생복귀시킨 예산군, 200년 후에도 이 모습이 될 수 있을까?

사, 낚싯줄 사고로 허무하게 죽어가는데도 이 문제에 관심을 기울이는 사람이 드물다. 관련 정부기관이나 지자체마저도 황새를 홍보 상품으로만 이용할 뿐, 황새를 위한 서식지 복원에는 예전만큼도 신경 쓰지 않는 듯하다.

박경리 작가가 생전에 어느 일간지에서 인터뷰한 말이다. "유기농법으로 농사를 지으면 땅이 해충에 대항할 힘이 생기고, 작물도 대항할 수 있는 힘을 갖추게 되거든. 근데 유기농을 시작하는데 뒷받침이 없으니 농민들이 엄두를 못 내고 있는 거예요. 내가 농사를 지으면서 정치하는 사람들에게 불쑥불쑥 화가 치미는 건 우리의 가장 근본인 땅을 살리려는 정치가가 한 명도 없다는 거예요. 옛날에도 없었고 지금도 없어. 그러니 자연히 농민들의 죄의식이 없어지고 수확하기 위해 농약을 쓰고 하는 일이 합리화돼 버리지. 죽은 땅도 땅이지만 정신이 죽은 게 제일 마음 아프지."

이 말은 황새들의 서식지와 매우 밀접한 연관이 있다. 우리 조상들은 농약 없이 땅힘으로 농사를 짓고 살았다. 땅힘이 무엇인가? 바로 생물다양성이다. 토양에 서식하는 다양한 생물들과 그로부터 배출된 유기 물질이 천연비료이자 병충해에 대항하는 면역 물질이었다.

예전에는 농경지의 다양한 생물들이 우리 조상들의 농사를 도왔다. 그러나 지금은 땅힘을 만드는 다양한 생물들이 사라지고 있다. 그 생물들을 먹고 사는 황새마저도 이 땅에서 사라졌다. 박경리 작가의 말대로 지금도 여전히 우리 땅을 살리려는 정치가가 한 명도 없다.

나는 환경부 멸종위기종복원센터에서 연락을 받았다. 환경부의

'멸종위기 황새 보전 계획'에 대한 자문과 함께 화상회의에 참석해 달라는 요청이었다.

나는 황새 재도입 사업을 감성적이 아니라 이성적으로 접근해야 한다고 주문했다. 그동안은 황새를 재도입한 지역 농민들에게 제초제나 농약을 자제해 달라고 감성적으로 호소했다. 그리고 COVID-19로 정부가 국민들에게 재난기금을 지불한 것처럼 황새 서식지의 농민과 땅 주인들에게 서식지 관리기금을 지불한다면 문제가 훨씬 잘 풀릴 것이라 말했다.

화상회의에서 나는 "현재 예산군 황새 번식지 7곳 주민 3000가구를 대상으로 연간 100만 원씩 30억 정도의 예산을 편성해 줄 것"을 주문했다.

예산군 외 지역에 방사한 황새들이 둥지를 틀고 정착한다면 그 마을 주민들도 농경지 관리기금 수혜 농가가 될 수 있지만, 현재 황새 쌍이 번식하는 곳은 예산군 7곳이다. 만약 지원받은 마을 중에서 생태복원이 제대로 이루어지지 않으면 관리기금을 정지시키면 된다.

환경부가 황새 서식지 복원 성공을 바란다면 농민들에게 주는 돈을 낭비라고 생각하면 안 된다. 멸종위기종 황새는 농경지에서 살아갈 수밖에 없고, 농민들 스스로 보호해 주지 않으면 우리나라의 황새 서식지 복원은 공염불에 불과하다.

우리나라 황새 서식지는 번식지와 겨울 서식지로 나뉜다. 해마다 8월이면 황새들은 번식지를 떠난다. 그러고 나서 이듬해 2월이면 과거 번식지로 회귀하는 습성이 있다.

황새가 6개월 동안 머무는 겨울 서식지 보전도 매우 중요하다. 그래서 나는 환경부에 일명 황새법, '농업생태 관리 기본법' 제정을 요청했다. 농약이나 제초제를 사용하지 않고 농사짓는 농가에 보조금을 지원하는 제도이다.

이제 우리 농민들도 농산물 생산자로만 머물 게 아니라 농경지 생태관리자로서 위상을 정립할 시점에 이르렀다. 우리도 선진국의 농촌처럼 인간과 생물이 공생하며 잘 살 수 있는 생태 여건이 조성되어야 한다.

책을 마치며 | 동물행동학자의 화첩

동물행동 탐구, 그 신비함에 다가서다

나는 동물행동학자이자 늦깎이 화가이다. 어려서부터 그림 그리는 것을 좋아했지만 부모님의 반대로 자연과학자가 되었다.

부모님의 바람대로 나는 동물학자가 되어 독일의 본에서 유학 생활을 했다. 그곳에서 동물행동학에 관심을 두고 창의적인 실험 방법을 따라하면서 나만의 연구를 찾아갔다.

그러나 한편으로는 도서관과 학교 그리고 실험장이 아닌 새로운 곳에서 또다른 길을 찾기도 했다. 내가 유학 생활을 하던 도시 본은 통일 독일 이전 서독의 수도였다. 오래된 석재 건물들이 라인 강변과 고풍스럽게 어우러져 아름다웠다.

본역은 본의 랜드마크로 늘 붐볐다. 나는 이곳에 자주 들렀다. 역 지하도를 빠져 나오면 서점들이 늘어섰는데, 가난한 유학생인 나는 서점에 들러 하루 종일 책을 읽으며 시간 가는 줄 몰랐다.

독일 본역

본은 내가 유학 생활을 한 아름다운 도시이다. 역 지하도를 나오면 서점들이 있는데, 하루는 에밀 놀데의 화집을 산 다음 역 앞에서 드로잉을 따라해 보기도 했다.

방역 마스크를 사기 위해 줄 선 사람들

지금 나는 학창 시절 꿈꾸던 화가의 길을 걷고 있다. 동물행동을 관찰하고 연구한 것처럼 나는 평범한 사람들의 일상을 관찰하며 그림으로 기록한다.

때때로 울적하거나 가족이 그리울 때면 역 앞에서 스케치북을 들고 그림을 그리면서 시간을 보냈다. 어찌 보면 동물행동학은 동물들의 습성이나 행동을 관찰하며 연구하는 학문이니 그림을 그리면서 자연스레 사람들을 관찰하고 배경을 살피는 행동과 맞닿아 있다.

그러다 나는 독일을 대표하는 표현주의 화가 에밀 놀데의 작품을 만나면서 수채화에 대한 열정에 사로잡혔다. 나는 유학 시절 그를 만나고 싶었지만 이미 고인이 되었다.

놀데의 작품은 자연을 소재로 한 강렬한 색감 대비가 무척 인상적이다. 나는 일본 화지의 특성을 살려 색이 번지고 합쳐지면서 만들어내는 표현 기법에 매료되었다. 생물학자의 눈에는 놀데의 그림 내용과 표현 양식이 마치 자연의 다양한 생명체들이 공생하며 어우러져 살아가는 모습과도 같았다.

하지만 박쥐를 주제로 학위논문을 준비해야 하는 유학생이다 보니 감히 놀데를 따라 화가의 길을 따르지는 못했다.

귀국 후 나는 생물학 교수가 되어 틈나는 대로 답사를 다니며 박쥐를 비롯해, 꿀벌, 휘파람새, 괭이갈매기, 황새 등 다양한 생물종들의 행동과 습성을 연구하며 행동하는 학자로 자리를 잡았다.

특히 1996년 황새복원센터를 설립해 황새 재도입 사업을 벌이면서 교직에 있는 내내 학자로서, 생태계의 한 구성원으로서 반드시 황새 서식지를 되살리고 싶었다. 교직에서 은퇴한 지금도 나는 황새 재도입 사업이 제 궤도에 이르도록 국민들에게 알리고 관련기관에게 대책을 호소하며 행동하는 학자로 살아가고 있다.

동물행동을 탐구하는 일은 생물학자들만의 일이 아니다. 환경이 오염되고 생태계가 파괴되지 않도록 관심을 기울이고 일생생활에서 환경을 보호하는 일에 관심을 기울이는 것만으로도 우리와 함께하는 다양한 생물들을 살리는 일이다.

최근 COVID-19 바이러스를 연구하는 영국의 한 과학자는 이런 말을 우리에게 전해 주어 진한 감동을 주었다.

"COVID-19는 그동안 미친 듯이 100미터 달리기 경주를 하듯 질주만 하던 삶에 어떤 경각심을 준 면도 있다고 생각한다. 특히 지구 온난화와 자원 낭비 문제에 대해 인류에게 새로운 눈을 뜨게 해준 면이 있다."

내가 꿈꾸는 그림

황새마을인 예산군에서 서울 집으로 옮겨온 지 거의 2년 반이 다 되어 간다. 서울 집은 화실이 따로 없어 예전처럼 큰 그림을 그릴 수 없다. 그래도 그사이 벌써 1000점이 넘는 그림을 그렸으니 하루 평균 1점씩은 그린 셈이다.

며칠 전 늦은 함박눈이 제법 쌓인 산의 경치를 한지 위에 담았다. 흰 눈은 여백으로 남기고 진한 감청색과 녹색으로 눈 덮인 설산을 그렸다. 산등성 위로 드러난 하늘은 그냥 맑고 청명한 파란색이 짙게 배어 나오게 했다.

눈 덮인 설산

청명한 하늘과 눈 덮인 산을 짙푸른 색으로 담았다. 가파른 설산에서 스키에 몸을 맡긴 사람의 모습도 볼 수 있다.

가끔 새들의 노랫소리를 녹음하기 위해 찾던 한국의 산들이 생각난다. 그럴 때면 나는 한지 위에서 추억을 되새겨 본다. 한지 위에 그림을 그리다 보면 아직도 산솔새, 큰유리새, 방울새 그리고 삼광조의 노랫소리가 귓가에 맴돈다.

내가 본격적으로 그림을 그리기 시작한 것은 정년 퇴임 1년 전부터였다. 에밀 놀데는 비록 일본 화지에 그림을 그렸지만 나는 화지보다 더 나은 한지에 수채화를 그려보기로 했다.

물감의 퍼짐과 흡수력 때문에 수묵화를 그리는 한지에 수채화를 그리기는 쉽지 않다. 그러나 나는 놀데가 이것을 극복한 비결을 알아냈다. 바로 한지 밑에 대는 소재가 문제였다. 나는 물을 흡수하는 천 대신 물을 흡수하지 않는 재질의 판넬을 이용해 한지를 대고 그림을 그렸다.

내가 붓에 물감을 묻혀 한지 위에 칠하면 한지는 그 물감을 바닥의 불투수 판넬을 통해 한지의 뒷면에서 그림을 다시 그리기 시작한다. 이렇게 내가 의도하지 않은 일이 벌어진다. 색이 바뀌고 자연에서만 가능한 선이 생겨난다. 불투수 판넬이 거친 표현이라면 그 표현의 거친 정도에 따라서 그림이 얼마든지 달라진다. 어떤 때는 유화로 그렸다 할 정도로 한지 고유의 특징이 살아난다.

나는 주변 곳곳에서 작품 소재와 주제를 찾아낸다. 때로는 매우 개인적인 기억을 토대로 작업을 한다. 대상을 아주 세밀하게 관찰한 후 소재로 삼거나 주제의 한 부분으로 활용하는데, 한지 특유의 성질을 이용하여 강렬하고 획기적인 결과물이 탄생한다.

노란 하늘의 한강

여의도 샛강 생태순환로를 따라 올라가다 보면 양화대교와 마주한다.
노란 빛깔의 하늘이 한강 수면 위로 잔잔히 퍼지고 있다.

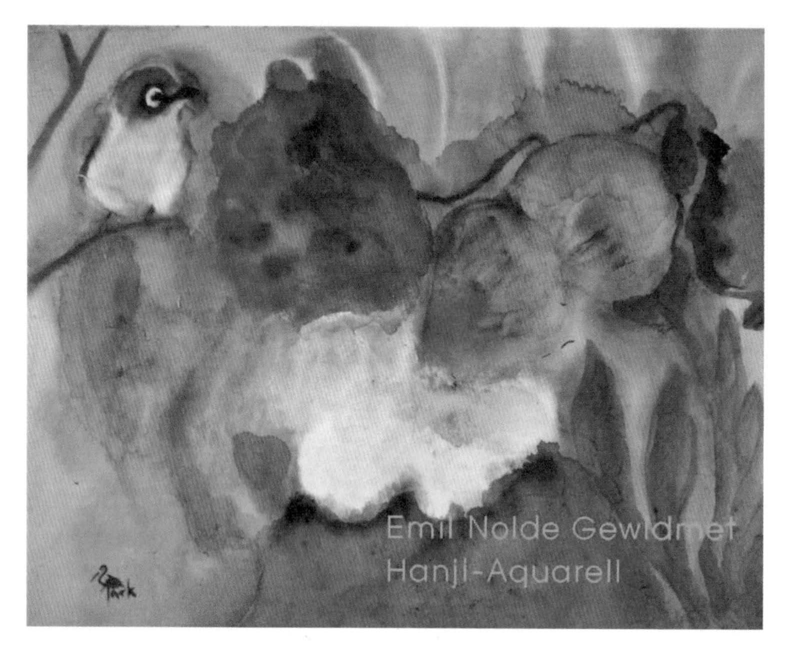

독일 한지 수채화 전시회

나는 독일 친구 하이너에게 작품 하나를 보냈다. 전시회 제목은
Emil Nolde Gewidmet, Hanji–Aquarell(에밀 놀데에 경의를 표하며 그린 한지 수채화)'였다.

동물행동학자는 지구상에 있는 동물들을 진화학 개념으로 연구한다. 인간도 동물이므로 나는 인간의 내면을 알고 싶어 동물행동을 탐구하는지도 모른다.

한지로 인간의 속성을 표현하는 것이 내 그림의 주된 주제이다. 인간과의 교감뿐만 아니라, 그 대상이 동물이 될 수도 있고 자연이 될 수도 있다. 나는 예술과 과학이 일맥상통하는 분야라고 믿는다.

멸종위기 황새 보전 계획(환경부) 전문가 종합 의견서

귀 부처에서 마련한 '멸종위기 황새 보전 계획(환경부, 2020.9)'은 전면 재검토가 필요하다고 판단합니다.

1. 번식지와 겨울 서식지로 분류하여 보전 대책을 마련해야 합니다.

▷ 현재 예산군에서 번식지로 지정하여 방사하고 있는 광시면 장전리, 관음리, 대리, 신양면 무봉리, 덕산면 외라리, 대술면 궐곡리, 봉산면 옥전리의 번식지에 대한 세부 계획 수립이 절실합니다.

▷ 현재 위 번식지의 쌍으로부터 매년 유조 10~20개체가 자연 복귀되고 있는 바, 이들 번식 쌍에 대한 지속적인 관리 계획을 수립해야 합니다.

▷ 번식 쌍 소실로 인한 재도입 매뉴얼을 만들어 줄 것을 요청합니다. (재재도입시 쌍의 유전적 다양성 고려, 전 번식 쌍과는 유전적으로 다른 개체 선별 등)

▷ 자연에서 황새 번식 쌍의 지속 기간은 1~20년으로, 현재 방사한 개체의 둥지가 계속 유지되고 있는 곳은 장전리와 관음리로 4년째이며, 나머지는 1~2년 후 소실로 인해 재도입이 반복되고 있는 걸로 알고 있습니다. 이에 대해 정확한 실태를 파악한 후 대책 마련을 해 황새 보전 계획에 반영시켜 주시기 바랍니다.

2. 문화재청에서 마련한 추가 방사지 계획은 철회되어야 합니다.

▷ 나는 이미 문화재청에 청주시 외 5곳의 황새 방사지 계획의 철회를 요청한 바 있습니다.

▷ 예산군에서 해마다 10여 개체 이상의 유조들이 예산군을 떠나 새로운 쌍을 만들어 번식지를 정할 때까지(금년에 태안군에서 1쌍 탄생; 지정을 하지 않아도 황새들이 알아서 서식지를 선택하도록 맡겨야 함) 추가 방사지 선정은 황새 보전에 전혀 도움이 되지 않는 정책이므로 국고만 낭비할 수 있음을 유념해 주시기 바랍니다.

3. 예산군의 번식지(서식지) 보전 대책을 마련해야 합니다.

▷ 이 계획은 현재 예산군이 마련해야 하는데, 전혀 그렇지 못한 것이 현실입니다.

▷ 현재 관광 개념으로만 접근하고 있는 '예산황새공원'의 운영 시스템을 연구 시스템으로 전환할 수 있도록 황새 보전 계획에 반영되어야 할 것입니다.

▷ 예산황새공원을 국립 또는 도립화해 조류 및 생태 전문가가 원장직을 수행하도록 대책 마련을 요구합니다.

▷ 우리나라 현행 규정에 의하면 황새 서식지(농경지)가 지자체 단체장 관리 하에 있습니다. 서식지 및 번식지 보전 예산을 환경부에서 일방적으로 내려 보내는 것만으로는 황새 보전의 실효성을 거두기 어렵습니다. 자칫 국고 낭비로 이어질 수 있으므로 유념해 주시기 바랍니다.

▷ 예산 황새 번식지(한국 황새 번식지)를 복원하려면 먼저 황새 복원 연구 기능부터 복원해야 합니다.

4. 예산군 황새 번식지 외 한반도 전역에서 황새 서식지(겨울 서식지) 보전 대책도 마련되어야 합니다.

▷ 5년 동안의 단기 대책으로는 매우 어려울 것으로 판단됩니다.

▷ 5년 동안은 서식 및 번식 저해 요인을 분석해 제거하는 데 계획을 수립해야 합니다.

▷ 예를 들어 금년 처음으로 예산군 외 지역에 번식한 곳(충남 태안군)의 송전탑을 지중화하는 방안을 예산에 반영해 주십시오.

▷ 낚시 허가제를 도입해 멸종위기 황새 서식지를 보전해야 합니다.

▷ 앞으로 충남 태안군과 같은 번식 쌍이 예산군 외 지역으로 확대될 것으로 예상되며, 이에 대한 환경부의 정책 수립이 필요합니다.

▷ 일명 '황새법(생태농업관리기본법)'을 제정하여 유기농으로 농사짓는 농민들에게 실질적 혜택이 돌아갈 수 있도록 제도를 마련해야 합니다.

5. 러시아와 황새 보전에 대한 협력 방안

▷ 현재 사육 상태에서 번식시킨 개체는 유전적 다양성 결여로 인해 국내 추가 방사할 경우 유전적으로 근친인 개체가 탄생해 번식 장애나 전염병 감염에 취약할 수밖에 없습니다. 현재 사육 중인 개체들의 근친 관계를 조사하여 근친인 잉여 개체를 러시아 아무르 번

식지로 이동시켜 방사하는 방안을 검토해 주십시오.

▷ 우리나라 황새는 현재의 충남 예산군 외에 중부 지역에서 매우 많이 번식했던 것으로 보고되었습니다(1892, Campell , Ibis). 캠펠의 조사에 의하면 지금 비무장 지대를 중심으로 북한 황해도와 남한 경기도 지역에 걸쳐 적어도 100쌍(리 단위로 1쌍 정도) 정도는 번식했던 것으로 추정됩니다. (IUCN의 보고에 따르면 한반도에서는 100미터 거리에서도 둥지를 틀고 살았다고 기록되어 있음)

▷ 따라서 이곳을 러시아와 공동협력 사업으로 황새 재도입 전략 마련이 요구됩니다.

▷ 계획서(DMZ를 황새서식지로 활용한 한반도 황새보전 전략)를 마련하여 첨부하니, 멸종위기 황새 보전 계획에 적극 반영해 주십시오. (Park,et.al 2017, Reintroduction 5.53-61).

6. 멸종위기 황새 보전 총 예산을 COVID-19 이후에 대비하여 재편성해야 합니다.

▷ 황새가 번식 또는 서식하는 농경지의 주민들에게 현금으로 직접 지원할 수 있도록 예산을 다시 짜야 합니다.

▷ 코로나 19로 소상공인들에게 재난지원금을 지급하듯, 황새를 개인이 농사짓고 있는 땅에서 살아가게 하려면 땅을 경작하고 소유한 사람들에게 보상하는 것이 헌법 정신에도 부합된다고 판단합니다(제도가 없으면 관련 제도부터 마련).

▷ 유럽 선진국에서는 멸종위기종의 재도입을 영주권 개념으로 보고, 국가가 재도입하고자 하는 종에 영주권을 부여함과 동시에, 그 지역 농민과 땅 주인에게 보상해 주는 제도가 이미 시행되고 있습니다.

▷ 지금까지 환경부가 반달가슴곰, 산양 등 국가 소유의 산지에 종을 재도입해 왔기 때문에 이러한 개념에 대해 생소할지 모르나, 황새는 개인 소유의 농경지에 재도입을 실시해 개인 땅에서 살아갈 수밖에 없는 종입니다. 따라서 이에 대한 정책 수립과 예산이 이번 멸종위기 황새 보전 계획에 반드시 포함될 수 있도록 건의드립니다.

2020. 9. 8

박시룡 (한국교원대 명예교수, 전 황새생태연구원장)

글을 쓰고 그림을 그리면서 참고한 문헌들

Park, S.R. (1985) Die Ontogenetische Entwicklung der Vokalisation bei der Vampirfledermaus Desmotus rotundus. Myotis 23/24:173-179

Park, S.R. (1991) Develpment of Social Structure in a Captive Colony of the Common Vampire Bat, Desmodus rotundus. Ethology 89,335-341

Park, Shi-Ryong u. Daesik Park (2000) Song Type for Intrasexual Interaction in the Bush Warbler. The Auk 117, 228-232

Park, Shi-Ryong, Eul-Dong Han, and Ha-Cheol Sung (1999) Definition and Function of Two Song Types of the Bush Warbler(Cettia diphone borealis). Korean J Biol Sci 3, 149-151

Park, Shi-Ryong u. Hoon Chung (2002) How do Young Black-tailed Gulls(Larus crassirostris) Recognize Adult Voice Signals?. Korean J Biol Sci 6, 221-225

Park, Shi-Ryong, Seokwan Cheong u. Hoon Chung (2004) Behavioral Function of the Anomalous Song in the Bush Warbler, Detia diphone. Korean J Biol Sci 89-95

Park, Shi-Ryong, Su-Kyung Kim, Ha-Cheol Sung, Yu-Sung Choi and Seok-Wan Cheong the Oriental White Storks(Ciconia boyciana) and Crested Ibis(Nipponia nippon) in Korea. Korean J. Syst. Zool. 26,191-196

Park, Shi-Ryong, Song-Yi Lee, Seokwan Cheong, Sukung Kim u. Ha-Cheol Sung (2008) Anti-Predator Responses of the Black-tailed Gull(Larus crassirostir) Flock to Mobbing and Mew Call Playbacks. J. Ecol. Field Biol. 31, 69-73

Park, Shi-Ryong, Su-Kyung Kim, Ha-Cheol Sung, Yu-Sung Choi and Seok-Wan Cheong (2010) Evaluation of Historic Breeding Habitats with a View to the Poteintial for Reintroduction of the Oriental White Stork(Ciconia boyciana) and Crested Ibis(Nipponia nippon) in Korea. Korean J. Syst. Zool. 26:191-196.

Park, Shi-Ryong, Joongmin Yoon, Dong-Su Ha u. Seok-Hwan Cheong (2017) A propsal for the habitat restoration of North Korea the reintroduction of oriental storks in the Korean Penninula. Reintroduction 5, 53-61

Choi, Yu-Seong, Hacheol Sung and Shi-Ryong Park (2014) Oriental Stork Ciconia boyciana provides

feeding opportunities for Grey Herons Ardea cinerea. BirdingAIA 21:68-69
Yoon, Jongmin, Hae-Sook Ha, Jung-Shim Jung, and Shi-Ryong Park (2015) Post-mating Sexual Behaviors of Oriental Storks(Ciconia boyciana) in Captivity. Zoogical Science 32:331-335
Yoon, Jongmin, Byung-Su Kim, Eun-Jin Joo u. Shi-Ryong Park (2016) Nest Predation risk influences a cavity-nesting passerine during the post-hatching care period. Sientific Reports 6,1-7
Chung Hoon, Seokwan Cheong u. Shi-Ryong Park (2004) Communication of Young Black-Tailed Gulls, Larus crossirostris, in response to Parent's Behavior. Korean J Biol Sci 8, 295-300
Sung, Ha-Cheol u. Shi-Ryong Park (2005) Explaining Avian Vocalizations: a Review of Song Learing and Song Comunication in Male-Male Interactions. Integrative Bioscienes 9: 47-55
Cheong, Seokwan, Shi-Ryong Park u. Ha-Cheol Sung (2006) A Case Study of the Breeding Biology of the Orienalt White Stork(Ciconnia boyciana) in Captivity. Derryberry, E.P., J.N. Phillips, G.E. Derryberry, M.J. Blum, and D. Luth (2020) Singing in a silent spring: Birds respond to a half-century soundscape reversion during the COVID-19 shutdown. Science 24. Sep. 2020
Dugatkin, Lee Alan (2009) Principles of Animal Behavior. W.W. Norton & Company, Inc.
Heppner, Frank H. (1990) Professor Farnsworth's Explanations in Biology. McGraw-Hill, Inc.
Lorenz, Konrad (1978) Vergleichende vehaltensforschung der Grundlagen der Ethologie. Springer
Lorenz, Konrad (2000) So Kam der Menschen auf den Hund, München:dtv
Taschwer, Klaus and Benedict Föger (2003) Konrad Lorenz: Bilographie, Paul Zsolnay Verlag Wien.
Nolde, Emil (1988) Das eigene Leben (1869~1902) DuMont Buchverlag
Nolde, Emil (1991) Jahre der Kämpfe (1902~1914) DuMont Buchverlag
Nolde, Emil (1990) Weld und Haimat (1913~1918) DuMont Buchverlag
Busch, Günter (1958) Emil Nolde-Aqurarelle. München
Gosebruch, Martin (1992) Emil Nolde Aquarelle und Zeichnungen. München
Reuthr, Manfred (1985) Das Frühwerk Emil Nolde. DuMont Buchverlag
Urban, Martin (1969) Emil Nolde-Landscaften, Aquarelle und Zeichnung. Köln
Vester, Frederic (1996) Der Wert eines Vogels. Ein Fensterbilderbuch. Kösel
Vester, Frederic (1986) Ein Baum ist mehr als ein Baum. Ein Fensterbilderbuch Kösel
Voigt, Jürgen (1984) Vom Urkrümel zum Atompilz. Evolution-Ursache und Ausweg aus Krise. Falken Verlag Gmbh
Wilson, E.O. (1975) Sociobiology. The New Synthesis. Belknap Press, Cambridge, Mass
박시룡 (1991) 술취한 코끼리가 늘고 있다. 웅진문화
박시룡 (1993) 한국의 자연탐사 박쥐. 웅진출판
박시룡 (1993) 한국의 자연탐사 공격과 방어. 웅진출판
박시룡 (1993) 한국의 자연탐사 본능과 학습. 웅진출판

박시룡 (1993) 한국의 자연탐사 동물들의 짝짓기. 웅진출판
박시룡 (1996) 동물행동학의 이해. 민음사
박시룡 (1997) 와우! 우리들의 동물친구 1 (포유류, 조류). 그린비
박시룡 (1997) 와우! 우리들의 동물친구 2 (양서류, 어류, 무척추동물). 그린비
박시룡 (2004) 기억혁명, 학습혁명(F. Vester/ Denken Lernen Vergessen 번역). 해나무
박시룡, 박현숙, 윤종민, 김수경 (2014) 황새 자연에 날다. 지성사
박시룡 (2019) 한지수채화 황새가 있는 풍경. 지성사
김혜련 (2002) 에밀 놀데 낭만을 꿈꾼 표현주의 작가. 열화당
에드워드 윌슨 (1992) 사회생물학 1, 2, 3 (이병훈,박시룡 번역). 민음사
헬렌 니어링, 스콧 니어링 (2000) 조화로운 삶 (유시화 번역). 보리
헬렌 니어링 (1997) 아름다운 삶, 사랑 그리고 마무리 (이석태 번역). 보리
프랑크 헤프너 (1993) 생각하는 생물 1, 2 (윤소영 옮김). 도솔
로버트 멍어 (2011) 내 마음 그리스도의 집. IVP 소책자시리즈 6.
자유칼럼 (2009) 생명찾기 www.freecolumn.co.kr
한국일보 (1992) 동식물 자연생태 탐사기행 (7월)
중알일보 (2000) 휘파람새도 사투리 쓴다 (2월)
중앙일보 (2020) 바다 폭군'범고래, 사람을 공격하기 시작했다. "집단보복 나선 듯" (10월)
머니투데이 (2020) 생태계 훼손 땐 전염병 대유행 재발 (6월)
머니투데이 (2020) 코끼리 350마리 '의문의 떼죽음' 지구의 경고? (9월)
서울신문 (2020) 사이언스 브런치: 이타적인 사람이 학습능력 높고 의사결정능력도 우수 (8월)
SBS (2020) 바다거북 배 속에 들어찬 비닐, 재활용률 21%에 불과 (6월)
BBC (2020) 야생동물: 영국 영주권 받은 비버 가족들 (8월)

사진 출처

p151 달팽이의 눈, 오징어의 눈 | unsplash
p153 잠자리의 눈, 물고기의 눈 | unsplash

자화상
한지 수채화 37x48cm

글·그림 박시룡

1952년 전라북도 전주 출생, 한국교원대학교 명예교수로 황새생태연구원장을 지냈다. 독일 본대학교에서 이학박사 학위를 받았다. 박쥐의 초음파, 휘파람새의 노랫소리, 괭이갈매기의 음성학적 의사소통, 조류의 반포식자 행동, 멸종위기 1급 황새 야생 복귀 등 83편의 연구 논문을 발표했으며, 『황새, 자연에 날다』 외 20권의 저서와 번역서를 펴냈다. 제1회 「황새가 있는 풍경을 꿈꾸다」 수채화 개인전을 2016년 서울 인사동 희수갤러리에서 열었다. 현재 KBS 프로그램 '동물의 왕국' 감수교수로 활동 중이다.

* 이 책에 수록된 그림들은 한지 42g 순지를 사용했다.

박시룡 교수의 끝나지 않은 생명 이야기

초판1쇄 펴냄 2021년 6월 15일

지은이 박시룡
펴낸이 유재건
펴낸곳 곰세마리
주소 서울시 마포구 와우산로 180, 4층
대표전화 02-702-2717 | **팩스** 02-703-0272
원고투고 및 문의 editor@gom3.kr

기획 고은경 | **편집** 송예진 | **디자인** 권희원 | **마케팅** 유하나

책값은 뒤표지에 있습니다. 잘못 만들어진 책은 구입처에서 바꿔 드립니다.
ISBN 979-11-974501-2-9 03470

곰세마리는 ㈜그린비출판사의 가족브랜드입니다

• 이 도서는 환경부·국가환경교육센터의 환경도서 출판 지원사업 선정작입니다.